到自然中去！

人类与自然的情感关联

LISA GARNIER

PSYCHOLOGIE POSITIVE
ET ÉCOLOGIE

[法]

丽莎·加尔尼埃
著

邬亚男 译

中国出版集团 东方出版中心

图书在版编目（CIP）数据

到自然中去！：人类与自然的情感关联 /（法）丽
莎·加尔尼埃著；邬亚男译. -- 上海：东方出版中心，
2024. 10. -- ISBN 978-7-5473-2551-3

Ⅰ. B84-05

中国国家版本馆CIP数据核字第2024HF0423号

PSYCHOLOGIE POSITIVE ET ECOLOGIE
By LISA GARNIER
© ACTES SUD, 2019
Simplified Chinese Edition arranged through S.A.S BiMot Culture, France.
Simplified Chinese Translation Copyright ©2025 by Orient Publishing Center.
ALL RIGHTS RESERVED.

上海市版权局著作权登记：图字09-2024-0694号

到自然中去！——人类与自然的情感关联

著　者	[法]丽莎·加尔尼埃
策　划	张馨予　陈哲泓
责任编辑	张馨予
装帧设计	付诗意

出 版 人	陈义望
出版发行	东方出版中心
地　址	上海市仙霞路345号
邮政编码	200336
电　话	021-62417400
印 刷 者	上海盛通时代印刷有限公司

开　本	787mm×1092mm 1/32
印　张	7.25
字　数	120千字
版　次	2025年3月第1版
印　次	2025年3月第1次印刷
定　价	55.00元

走向旷野，万物共荣

2021年，东方出版中心的编辑联系我，告知社里准备引进法国南方书编出版社（Actes Sud）的一套丛书，并发来介绍文案时，我一眼就被那十几本书的封面和书名深深吸引：《踏着野兽的足迹》《像冰山一样思考》《像鸟儿一样居住》《与树同在》……

自一万多年前的新仙女木事件之后，地球进入了全新世，气候普遍转暖，冰川大量消融，海平面迅速上升，物种变得多样且丰富，呈现出一派生机勃勃的景象。稳定的自然环境为人类崛起创造了绝佳的契机。第一次，文明有了可能，人类进入新石器时代，开始农耕畜牧，开疆拓土，发展现代文明。可以说，全新世是人类的时代，随着人口激增和经济飞速发展，人类已然成了驱动地球变化最重要的因素。工业化和城市化进程极大地影响了土壤、地形以及包括硅藻种群在内的生物圈，地球持续变暖，大气和海洋面临着各种污染的严重威胁。一方面，人类的活动范围越来越大，社会日益繁荣，人丁兴旺；另一方面，耕种、放牧和砍伐森林，尤其是工业革命后的城市扩张和污染，毁掉了数千种动物的野生栖息地。更别说人类为了获取食物、衣着和乐趣而进行的大肆捕捞和猎杀，生物多样性正面临崩塌，许多专家发出了"第六次生物大灭绝危机"悄然来袭的警告。

"人是宇宙的精华，万物的灵长。"从原始人对天地的敬畏，到商汤"网开三面"以仁心待万物，再到"愚公移山"的豪情壮志，以人类为中心的文明在改造自然、征服自然的路上越走越远。2000 年，为了强调人类在地质和生态中的核心作用，诺贝尔化学奖得主保罗·克鲁岑（Paul Crutzen）提出了"人类世"（Anthropocene）的概念。虽然"人类世"尚未成为严格意义上的地质学名词，但它为重新思考人与自然的关系提供了新的视角。

"视角的改变"是这套丛书最大的看点。通过换一种"身份"，重新思考我们身处的世界，不再以人的视角，而是用黑猩猩、抹香鲸、企鹅、夜莺、橡树，甚至是冰川和群山之"眼"去审视生态，去反观人类，去探索万物共生共荣的自然之道。法文版的丛书策划是法国生物学家、鸟类专家斯特凡纳·迪朗（Stéphane Durand），他的另一个身份或许更为世人所知，那就是雅克·贝汉（Jacques Perrin）执导的系列自然纪录片《迁徙的鸟》（*Le Peuple migrateur*，2001）、《自然之翼》（*Les Ailes de la nature*，2004）、《海洋》（*Océans*，2011）和《地球四季》

2

（*Les Saisons*，2016）的科学顾问及解说词的联合作者。这场自 1997 年开始、长达二十多年的奇妙经历激发了迪朗的创作热情。2017 年，他应出版社之约，着手策划一套聚焦自然与人文的丛书。该丛书邀请来自科学、哲学、文学、艺术等不同领域的作者，请他们写出动人的动植物故事和科学发现，以独到的人文生态主义视角研究人与自然的关系。这是一种全新的叙事，让那些像探险家一样从野外归来的人，代替沉默无言的大自然发声。该丛书的灵感也来自他的哲学家朋友巴蒂斯特·莫里佐（Baptiste Morizot）讲的一个易洛魁人的习俗：易洛魁人是生活在美国东北部和加拿大东南部的印第安人，在部落召开长老会前，要指定其中的一位长老代表狼发言——因为重要的是，不仅是人类才有发言权。万物相互依存、共同生活，人与自然是息息相关的生命共同体。

　　启蒙思想家卢梭曾提出自然主义教育理念，其核心是："归于自然"（Le retour à la nature）。卢梭在《爱弥儿》开篇就写道："出自造物主的东西都是好的，而一到了人的手里，就全变坏了……如果你想永远按照正确的方向前进，你就要始终遵循大自然的指引。"他进而指出，自然教育的最终培养目标是"自然人"，遵循自然天性，崇尚自由和平等。这一思想和老子在《道德经》中主张的"人法地、地法天、天法道、道法自然"不谋而合，"道法自然"揭示了整个宇宙运行的法则，蕴含了天地间所有事物的根本属性，万事万物均效法或遵循"自然而然"的规律。

不得不提的是，法国素有自然文学的传统，尤其是自 19 世纪以来，随着科学探究和博物学的兴起，自然文学更是蓬勃发展。像法布尔的《昆虫记》、布封的《自然史》等，都将科学知识融入文学创作，通过细致的观察记录自然界的现象，捕捉动植物的细微变化，洋溢着对自然的赞美和敬畏，强调人与自然的和谐共处。这套丛书继承了法国自然文学的传统，在全球气候变化和环境问题日益严重的今天，除了科学性和文学性，它更增添了一抹理性和哲思的色彩。通过现代科学的"非人"视角，它在展现大自然之瑰丽奇妙的同时，也反思了人类与自然的关系，关注生态环境的稳定和平衡，探索保护我们共同家园的可能途径。

如果人类仍希望拥有悠长而美好的未来，就应该学会与其他生物相互依存。"每一片叶子都不同，每一片叶子都很好。"

这套持续更新的丛书在法国目前已出二十余本，东方出版中心将优中选精，分批引进并翻译出版，中文版的丛书名改为更含蓄、更诗意的"走向旷野"。让我们以一种全新的生活方式"复野化"，无为而无不为，返璞归真，顺其自然。

是为序。

黄 荭
2024 年 7 月，和园

目　录

4

序言：一抹微笑，为那片叶子

✳

枯叶一片

红灯亮着。汽车在十字路口停驻，往来车辆络绎不绝。这处路口就像柏油广场正中央的一只机械芯，似涂油般通畅。行人匆匆，红绿灯闪烁。只为那一瞬间，那付诸行动的一瞬间，踩下踏板。风来了，原来是秋天。

红灯还未变为绿灯。

一片叶子正巧落在我的前方。那是一片枯叶，连叶柄也是浅棕色的。一株梧桐的树影突如其来地闯入视线，跌落在车辆的挡风玻璃上。梧桐叶片轻微弯曲，与玻璃之间有三处联结点，保持着一种平衡的姿态。它摇晃着，随秋风起舞。叶片的三种音符，一左一右，在瘠薄的地上舞动着诱人而诗意的表演。

它顺着透明斜坡下滑，如羽毛般轻盈地旋转。它是属于风的。一阵风来，它便掠过车身，难觅踪影。

绿灯亮起，神奇的一瞬让位于自发的动作。我启动了汽车，内心已愉悦满溢。金属和燃烧产生的能量激发出尖叫、轰鸣与爆音，而那片叶子在与属我的目光作短暂接触的时刻里生成了一个平行时空。

一抹微笑，为那片叶子。谁能相信呢？不过是一个隐匿于心灵深处的秘密罢了。

✳

布鲁克林

朱莉·曼恩（Julie Mann）在美国纽约一所高中任英文教师。班里学生的年龄大多介于 17 到 21 岁，或是移民或是难民，同属背井离乡之辈。班里有些问题学生，有的爱争吵、喧哗，也有的个性羞涩，但都在为获得文凭而挣扎。英语是所有人的必修课。班上共有三十多名来自不同国家的学生，仅有少数无须为补贴家用上夜班。

2016 年 5 月，朱莉向学生们提议一起去教室外散步。这是一次非同寻常的散步，他们将在与教学楼接壤的狭窄绿地上探险，尽管乍一看这只是一次十分普通的散步提议。

老师对学生发出指令："走吧，别发出声音。"他们甩动手臂，显出慌张而不知所措的模样。朱莉一边观察一边思考：这场实验会沦为一场灾难吗？就在那时，一个学生鼓起勇气倾身触碰了一株植物。他并非无名之辈，他叫彼得，大家称他为"愤怒的彼得"。突然间，所有目光都集中在他身上。其余的学生羞怯地问道："我们能坐在草坪上吗？"

朱莉把这则故事讲给我听，当时我们正在旧金山加州大学伯克利分校的至善科学中心参加一场讲座。她微笑地看着照片里躺在树下休憩的学生，她的笑容感染了我。学生们看上去十分闲适，他们闭着双眼，不远处是皇后区的一座桥，桥上似乎传来汽车与高架列车的轰鸣声。他们脸上露出灿烂的笑容。朱莉也笑着说道："他们平和自在，争吵和愤怒都消失不见了，快乐在他们的脸上流淌。"

朱莉告诉我们，原本富有攻击性的鲁迪主动把树干揽在怀里，他微笑着轻吻树木，显然心情不错。而原本容易陷入神游的伦佐也主动在笔记本上记录下他的感受。

当然，朱莉解释道，她提前对那处地点进行了布置，但学生的变化仍令人难以置信！她借用一名来自亚美尼亚的学生的话总结道："当我走进教室时，脑袋里仍记挂着家里的种种问题。而走出教室后，内心却感到平静和放松，身体在新鲜空气里积攒着能量。"

我写信给朱莉询问她异样的嘲笑声是否存在。她回复道："恰恰相反，他们非常尊重彼此，那段经历令他们印象深刻，而他们也渴望分享。"她继续写道，在每学年开学的数周内，她坚持让学生两人一组在教室里合作完成日志写作以增进了解。之后，再布置一篇作文让学生就合作谈各自的感受和可能出现的问题。简言之，朱莉在了解学生感受后得以阐明合作的建构性。但她并不认为合作是促成惊人转变的关键所在。

"哇"效应

学生的转变源自一种难以界定的情绪，即英文中的"惊叹"（awe）。它是我们面对曼妙风景、火山喷发、种子萌芽时的感叹，是惊奇与恐惧的混合。法语中并无对应的说法，我们只能用"哇"效应取而代之。这正是朱莉在加州为期一天的会议中与我分享的内容。在一个不显眼的小花园里，学生们体验到这种惊叹的情绪。老师给予他们时间去体验、发现与分享。那不再是个秘密。

之后，我发现"哇"是心理科学的研究对象之一。作为一种有待破译与解构的情绪，它有助于我们理解自以为"渺小"的体验如何从内部改变我们自身。一些人将在其中领略精神性的漫游，另一些人则感受到美与超验，这显然与哲学相关。哲学家米歇尔·翁弗雷（Michel Onfray）称其为崇高。"崇高体现在面对一场奇观所迸发的庞大力量及对其所揭示真理的直接认识上——自然面前的崇高，文化面前的崇高。[1]"这种"哇"并不局限于自然环境，也作用于其他场合，如观看一场马戏团表演、参加一场摇滚音乐会或欣赏一件迷人的艺术品。美国亚利桑那大学研究员米歇尔·拉尼·希奥塔（Michelle Lani Shiota）将"哇"界定为"对非同寻常的物理或概念刺激的情绪反应，这些刺激超越了一般的参考框架，尚未融入我们对世界的理解"。[2]

比如我经历的树叶落在挡风玻璃上的那一刻，柏油广场上的几名路人在路标间匆忙穿梭。自然原本不在我的视野之内，当梧桐叶轻敲玻璃时，真正的生活得以回归。这片优雅而脆弱的树叶对抗着人工世界。这便是神奇之处。

但其他司机会作出什么反应呢？也许他会启动挡风玻璃的雨刷，让树叶消失……

从这场与树叶的相遇开始，从住在精神匮乏的工业区的学生的转变开始，那便是我们的起点。一缕希望之光让我们与自然相通：互帮互助。

✾

我们低估了自己的幸福

在 2014 年加州大学伯克利分校的一次在线培训课

5

程——"幸福的科学"（The Science of Happiness）上，我第一次接触到对于"哇"的研究。从心理学角度看，这是一项富有创新性的研究。9周的时间里，我们了解到情绪可以在多大程度上支配并作用于我们的行为和动机，简言之，情绪包裹着我们。我自己便是活生生的证据。在一次又一次的练习中，我察觉到自己的变化：一种试图拓宽新视野的想法。这种作用于个人的变化使我对作用于社会的"变化"产生了兴趣。精神病学家克里斯托夫·安德烈（Christophe André）、医学教授乔恩·卡巴-津恩（Jon Kabat-Zinn）、佛教僧侣马修·理查德（Matthieu Ricard）与散文家皮埃尔·拉比（Pierre Rabhi）写道："改变自己，改变世界"[3] 才能更好地共生。这与正向心理学主张的观点不谋而合，良好的社会关系是最关键的因素。这才是我们幸福的原因！

作为一名生态学家，我认为普遍的联系可以生成意义。生物多样性与个体、物种、生态系统间的关系相关，也许是积极的（繁殖），也许是消极的（捕食），但关系并无优劣之分，它代表着生活本身。

正向心理学通过研究消极（愤怒、焦虑）和积极（快乐和满足）的情绪为人类探索更为美好的生活。这无关好坏，也是生活本身。

在上述两种情况中，积极与消极相互依存、互为表里。

我还注意到生物多样性和正向心理学均保有一种天真的偏见：前者是"蝴蝶、小鸟和漂亮的花"，后者是"爱心熊的世界"。它们仿佛都与严肃划清了界限。是什么原因呢？

这便是写作本书的源起。

不久，我注意到加拿大卡尔顿大学（Université de Carleton）的两位研究人员伊丽莎白·尼斯贝（Elizabeth Nisbet）与约翰·泽兰斯基（John Zelenski）合著的一篇研究型文章[4]，它为我的笛卡尔式沉思打开了一扇门。两位研究者试图探究远足引起的幸福感是否会随真实实践或纯粹想象而改变，环境类型也是他们考虑的变量之一。

伊丽莎白·尼斯贝与约翰·泽兰斯基将 150 名志愿者分为两组。其中一组沿运河旁的小路行至卡尔顿大学校园的树木园。另一组则经过地下通道抵达体育场。冬天无常的天气变化不会影响学生出行，校园内的建筑物为不利天气下的自由穿行提供了便利。志愿者对两条路线并不陌生，这使得路线具备了可比性。在每个小组中，一半参与者被要求报告积极或消极的情绪及步行后着迷、放松和感兴趣的程度，另一半则被要求想象自己在校园内散步，而实际的步行并未发生。

结果显而易见，沿运河步行 20 分钟的参与者明显有所放松。研究者注意到他们的心情更为自在。而仅依靠想象的参与者与走另一条路线的人的感觉类似。想象的步行者无法拥有真实行走在绿色景观中并沿河边自在呼吸的幸福感。"真实的"比"想象的"好得多!

对其余参与者而言,在走廊里行走并不令人兴奋。而想象自己在走廊里行走的人则认为自己会像实际行走一样感觉良好,他们的大脑高估了未来的幸福感。

为保障结果的准确性,两位研究员采用不同路线重复实验。他们要求两组人员想象行走前的感受,并再次发现想象在地下通道行走的人高估了幸福感,而想象在绿色地带行走的人则低估了幸福感。

我们的心情在与植物、动物和新鲜空气共生的环境中会变得更好,而我们往往低估了它们带给我们的益处。

✳

在丛林里

我们与自然的关系始于某种障碍。

问题浮现了。这个障碍是否与人类对有益事物的普遍低估有关,还是只有自然被低估了?我们为何只低估了自然作用于人的幸福感?这需要考虑两类关系:与自我、他人的关系,与非人类生命的关系。前者属于心理学的范畴,后者则属于生态学。在既存的文献丛林中,我认为有必要在两门学科之间建立一种对话以增进了解。我试图寻找它们之间的共同点,在不同范围内爆发的联

8

系，既有消极性质的——刺激、争端、侵略、掠夺、破坏导致抑郁、死亡和消失；也有积极性质的——爱、合作、和解、快乐、希望、互助主义产生幸福和生命。在本书的第一部分，我将并列讨论两门学科的三个突出特点：首先是关系的概念，然后是适应的概念，最后是合作的概念。生态学中的种内关系与种间关系呈现出不同的面貌，一般而言，种内关系的范畴会影响种间关系的范畴。出于以上原因，我认为在探索人类与自然关系的同时还需了解联系和幸福的构建。

一旦迈出第一步，我们就回到了那个无生命的十字路口——人工的象征。如果我们可以在一片树叶的触发下感受到触动，或躺在草坪上，或在城市里抚摸树皮，原因可能在于城市还未使我们完全丧失对生命世界的惊叹能力。相较自然而言，城市一直为生态学家所忽视，他们认为城市里没有自然，也没有多样性。只有心理学家在研究城市。但恰恰正是在蜿蜒交错的混凝土中，心理学家发现了自然对精神和心理压力的恢复有益。城市由此成为两门学科的交汇点，尽管它们的共同点往往遭到忽视。城市由人类建造，是人类改造自然的结果：他们把它遗忘，重新利用它，在家宅中予其空间，保护它、憧憬它、崇拜它、依恋它、无微不至地关怀它……这种二元性独具启发意义。我将在本书中指出城市中的人们对自然的改造，揭示自然匮乏的城市如何反作用于人的心理状态，并最终阐明我们对动植物的需求。

每天我们都被告知赖以生活的世界正迈向灾难，我们也因此更需要希望。希望来自我们为自己设定的明确且可实现的目标。为达成目标我们将采取种种策略，尽管前路障碍重重，但贵在坚持并保有动力。[5] 希望同样来自我们所效仿的榜样。面对生物多样性的减少，我们有必要了解自然观察者如何在草地或田野、河流或海边，还有森林小路上获得快乐。我将跟随文献的踪迹撰写故事以激发我们与生物、人类和非人类共享一片土地的想法。读者朋友们，请你接受这份邀请，你将沿着一条杂草丛生的无人小路前行，并借由它开启一条属于自己的道路。

通过正向心理学
探索我们和自然的关系

1RE PARTIE

EXPLORER LA RELATION À LA NATURE

PAR LA PSYCHOLOGIE POSITIVE

第一章　关系史

活着，是为了吃饭。

活着，是为了在某天牺牲自己。

我们为谁提供食物？

大自然里有燕子、土壤、细菌、淡水、鱼、蜘蛛、蠕虫、树木和植物、藻类和苔藓、牛和大象、老虎和狗、绦虫和蚊子、化石和煤炭、蜗牛和蟾蜍、猫头鹰和秃鹰、脆蛇蜥和蝾螈、蜜蜂和大黄蜂、人类和螃蟹、海蛇尾和颗石藻、病毒和扁形虫、蕨类和蚜虫、苍蝇和沙丁鱼、跳蚤和鸭嘴兽、鲨鱼和小丑鱼、熊和地衣、乌龟和甲虫、蝴蝶和蜻蜓、树懒和蚂蚁……

自然即全部。它是一曲华尔兹，数百万种生物在无机混合物中旋转。

这曲华尔兹就是科学生态学的研究对象。它试图理解生物间及其与物理、化学和动态环境的关系。其中可能涉及一组个体、一个物种或多个物种。

华尔兹只有在音符相互调和、对话和回应的情况下才会变得悠扬。如果字母之间不能相互作用形成单词，那么字母表就毫无意义。从词到句子、段落、章节、书籍，它们永远不会相同。生物多样性可以被看作一段几十亿年的书写史，其中每个物种就像一个字母，它与另一个字母相互作用并组合成词。词语组成社群，形成生态系统、生物群落和生物圈。对于生物学家、生态学家、古生物学家和其他学科的专家而言，他们的作用便在于撕开这本书写地球生命的巨著：在生命字母表的内部寻找排列组合关系。

*

辨别与计数

人是喜欢数字的。当我们看到一个蚁窝时，就会想知道有多少只蚂蚁在脚下移动。通过数字，我们可以了解各类趋势。比如通过计算死亡和出生统计个体数量，衡量一场战争对某年龄段造成的影响，了解发达国家出生率降低的原因，计算空气污染的致死率。这些都属于人口统计学。我们还将阐明物种进化的原因及其影响。

20 世纪 70 年代左右，科学家们——特别是鸟类学家让·多斯特（Jean Dorst）[1]——因某些物种如鲸鱼、鸬鹚、秃鹫、猞猁等数量急剧下降而试图为人类敲响警钟。

由此不难得知，动物也有自己的人口统计学。

人们首先考察的是珍稀物种或濒临灭绝的物种，它们只生活在特定地域。产房和墓地似乎使人口统计变得容易许多，但没有哪类动物拥有自己的产房或墓地！研究重点在于借助数学和统计模型估计动物数量。鸟类最早受益于此类研究，方法是把环套在鸟腿上，尤其是雏鸟身上，其后再进行多次观察。该研究还见证了相关法律保护措施的出台，如重要的自然保护法[2]的诞生。值得注意的是，上述法律如今已取得相当大的成就：一旦某个野生物种不再被猎杀，其数量往往会呈上升趋势。1974年，法国仅存11对白鹳。2010年，白鹳数量上升至1,600只。灰鹤的数量也呈现出类似趋势。[3]禁止捕鱼的海洋保护区使原本濒临灭绝的鱼群重获生机，并减缓了气候变化对动物的冲击。[4]

❋

使物种灭绝的人

20世纪80至90年代起，我们开始关注普通物种，即生长在花园或森林里的、散步时会偶遇的物种，它们与我们的生活交织在一起。

我们意识到这些普通物种也在消失。这一趋势始于燕子，聚集在电线上的燕子越来越少，它们将在秋日飞往非洲。在某次会议上，昆虫专家弗朗索瓦·拉塞尔（François Lasserre）向目瞪口呆的听众们解释道：从前，人们在长途旅行中不得不停下来清洗挡风玻璃，不然无法看清前路。这些细节我们早已遗忘，而如今的年轻人甚至无法想象，因为在过去的27年里，四分之三的昆虫都消失了！[5]

它们去了哪里？

20世纪90年代以来，所有涉及生态学的会议和论文宣读或研讨会均以同样的方式开场：介绍全球性变化。这一名称下隐匿着许多不甚光彩的现象。首先是城市郊区的商业园和巨大停车场对郊区土地的蚕食。一片混凝土停车场相当于一片微型沙漠，连水都无法滋养那里的土壤和生命。与人工改造前的田地、草地、树林、荒地等相比，混凝土停车场显得死气沉沉。1990年，世界上一半的土地或被改造，或被占用。[6]甚至无须借助图片我们也能明白此类变化对非人类生物数量造成的影响。

似乎没有什么不在改变。

即使在南太平洋[7]深处的荒芜岛屿——亨德森岛上，也能寻到打火机、瓶盖、大富翁游戏等垃圾的踪迹。没有人在那里搭过帐篷，但塑料垃圾却堆积如山。一半海鸟因误食漂浮在海面上的塑料碎片而受害。

在2,000多米的海洋深处，塑料微粒通过与浮游生物的微观骨架混合成为未来沉积岩的一部分。几百万年后，当这些岩石因构造运动而形成新的石灰岩峭壁时，地球土壤将不再具有与今天的土壤一样的性质。

我们造成了难以估量的影响。[8]

在大自然的华尔兹里，智人们吞噬了字母表上的所有字母。

在广袤而神秘的亚马孙丛林里，我们发现 11,000 年前的人类活动[9]改变了树木的分布。早在许多个世纪以前，泰国、巴布亚新几内亚、加蓬和位于刚果盆地的人就已经在热带森林中安家并对其进行了改造[10]。

2017 年，几乎一半的哺乳动物数量呈现出下降态势。[11]

我们的影响成倍扩张。[12]缺少字母的单词如何发音？它还有意义吗？缺少字词的句子又如何表达意义？

就像被一波波海水抹去痕迹的沙滩上的字母一样，诸多生态系统逐渐失去了本身的形状与光彩。我们可以做什么？如何共同发展？可持续发展？对等发展？健康发展？

＊
自然心理的重要性

心理学研究者苏珊·克莱顿（Susan Clayton）的研究对象并非人的心理状态，而是环境心理，她试图探究环境对行为产生的影响。起初，她的研究主题是与环境危机有关的社会心理学及公平问题。经过多方交流和阅读后，她意识到光线、气候等因素对行为的影响以及自然心理的重要性。

1990 至 2000 年间，联合国政府间气候变化专门委员会（IPCC）[①] 出具的第一批报告显示，气候变化问题已走出生态学并进入公众意识领域。新世纪的到来使环境健康和人类幸福的联系愈加紧密。什么学科与提升人的幸福有关？心理学！

此前，部分心理学家开始引领环境心理学的研究潮流[13]。该学科旨在建立行为与周围事物的联系。但我们首先想到的"环境"与物体、家具布置、建筑和城市规划有关；对自然环境的研究少之又少，甚至只是通过地理研究才对自然有所关注。环境心理学的魅力在于围绕人类及日常生活展开，它是一门在地学科。

20 世纪末，一些研究人员、城市规划师和地理学家开始意识到人类正在成为一种城市存在。联合国教科文组织在 1985 年的一份出版物中指出："与农村人口相比，2000 年将有更多的人生活在城市，这将是人类历史上首次出现的新现象。"[14] 事实证明这一阈限在 2006 至 2007

[①] IPCC：世界气象组织（WMO）及联合国环境规划署（UNEP）于 1988 年联合建立的政府间机构。

年间被跨越。如今几乎 55％ 的世界人口都生活在城市里。[15]

政府间气候变化专门委员会的诞生促成了一场保护自然资源的运动，而这些资源直接受到气候变化的影响。1992 年的里约会议上共有 154 个国家签署了《生物多样性公约》，并通过了《联合国气候变化框架公约》。这是一次为地球、为我们的地球、为居住在地球上的生物举行的峰会。怀抱相同目的的心理学家们全心投入亲环境行为研究，比如自觉关上水龙头（在洗手、刷牙、清洁厨房台面等时候）。为什么有些人认为不关上水龙头会造成浪费，而另一些人却不这么认为呢？为什么一些人认为浪费却仍不关上水龙头？在我们所知与所做、所知与想做之间存在脱节。

20 世纪 90 年代末，环境心理学得到快速发展，它致力于实现可持续发展目标，关注水资源保护、旧物回收、能源节约等。环境心理学也被称作绿色心理学、全球环境变化心理学、可持续心理学、生态心理学……称谓虽有变化，但目的却一致：推进大脑与行为的研究来更好地保护生物所需资源。

✳

地球与人类

在苏珊·克莱顿看来，意大利心理学家米里利亚·波恩（Mirilia Bonnes）与马里诺·博奈托（Marino Bonaiuto）首次将"人类是所有生态系统的主要力量或组织原则"[16]的观点纳入环境心理学史。这一看法于2002年被提出，在当时是一种极具创新精神的主张。他们在文章中对生态学原则进行阐释。事实上，环境是动态的，一个地方不能被简单地认为是静态的地点。它在进化、变化、转变，一切都是资源，所有生物都为包括人类在内的生物生命负责。而资源的可持续性会随时间的推移更新。心理学家们写道："这是一个关于存在、使用和可用性的循环过程。"

两名心理学家的言论与同时期的生态学家的观点十分相似。应该注意的是，当时各科学间存在界限并很少对其他学科开放。它们往往处于分裂状态，这一状态尤其适用于社会科学和"硬"科学之间的关系。它们的对话往往词不达意。

我给米里利亚·波恩写信后，她热情地回复了我。她的观点以及对环境心理学的思考源自一场遭遇。"20世纪80年代，有人建议我以社会心理学家和环境学家的身份加入联合国教科文组织的生态科学计划,'人与生物圈'(MAB)计划始于1971年,它由自然科学家发起并提供指导(一种非常开明的方式)!"这项创新计划建立在跨学科的交汇之上,即学科间性。[17]

我们该如何共同发展?可持续发展?对等发展?健康发展?

如果说教科文组织世界遗产地的使命在于为子孙后代保持现状,即实现一种"静态"的目标,那么"人与生物圈计划"保护区则恰好相反,它们旨在通过可持续发展试验让保护地焕发新的活力。[18]生物多样性在特定地区得到保护,而经济和人类发展则在其他地区进行。但如果保护区分散在世界各地,那么上述方案的施行便存在困难:不可否认的是,项目负责人,尤其是地方一级的负责人必须发动大众的力量。世界各地共有600多处"人与生物圈计划"保护区。各保护区每隔十年向联合国教科文组织申报更新资格并重申与自然和谐共处的意愿。并非所有保护区都能成功实现申报。一些新保护区顺利签署了多年规划,但也有保护区正面临失败的窘境……

米里利亚·波恩向我介绍道:"我的研究集中在生态系统的可感层面,我已在这项计划里投入了35年的时间!"当我问及是否很多心理学家都赞成人类在生态系统中占据了重要位置时,波恩给出了否定回答。她认为恰恰相反,作为一门不断发展的学科,人类生态学有助于弥合两种立场间的差距，即人类中心主义及人与生物地位平等的立场差异。

在"人与生物圈"保护区创建之初，即 20 世纪 70 年代，宇航员眼中的地球在当时仍无法想象。从太空中看见我们的星球会对我们的情绪产生巨大影响，尤其会使我们感受到一种"渺小"，一种"哇"的情绪。显然，所有宇航员在太空旅行中都领略过这种独特的感受，它与地球直接关联[19]并使人认可自己与其他生命体处在同等地位。阿尔·戈尔（Al Gore）的电影《令人不安的后续》（*Une suite qui dérange*）[20]有这么一个镜头：1972 年 12 月 7 日美国宇航局阿波罗 17 号机组人员从太空拍摄的"蓝宝石"地球的画面。这幅无与伦比的画面在几十年间独树一帜。与美国国家航空航天局合作研究大气层的化学家詹姆斯·洛夫洛克（James Lovelock）曾于 20 世纪 70 年代提出一个革命性假说：地球母亲盖亚作为一个活生生的有机体正在发挥作用。[21]只要退后一步，比如在火星上观察地球，便能在其他星球的对比下充分了解地球的样貌。詹姆斯的盖亚研究在政治生态学的"嬉皮士"时代为很多人打开了眼界。在研究实验室之外，与可持续发展相关的日常"生态学"正兴起第一股潮流。不少人加入了早期信徒的行列，他们自觉拧紧水龙头，在日常生活中为保护地球资源付诸行动。若地球成为我们的食物，我们便会把自己也吃掉。如果地球生病了，我们也会经历类似的生理或心理上的不适。

✱

沙发上的感觉①

20世纪90年代不同的心理生态学潮流纷纷兴起，在美国历史学家和社会学家西奥多·罗斯扎克（Eodore Roszak）的影响下，生态心理学的影响远超其他派别。1995年，罗斯扎克与精神病学家艾伦·坎纳（Allen Kanner）、心理学教授玛丽·戈麦斯（Mary Gomes）合作出版参考书《生态学：恢复地球，治愈心灵》（*Ecopsychology: Restoring the Earth, Healing the Mind*）。他在书中写道："心理和孕育我们的地球保持着情感联系。生态心理学认为我们可以把自我与自然环境的关系、我们利用或滥用地球的方式，理解为我们无意识需求和欲望的投射，像释梦一样去理解深层的动机、恐惧和憎恨。"[22] 生态心理学与灵魂的深处有关。这种涉及自然的无意识的观点难以用言语表达，却是一种必要的存在。

在西奥多·罗斯扎克看来，生态心理学是一种反文

---

① 译按：在精神分析的语境中，"沙发"作为一个经典的意象和象征性"道具"，承载着丰富的心理学与生态学内涵。其历史根源可追溯至弗洛伊德时代，沙发不仅是治疗过程中的物理载体，更成为心理疏导与情感表达的重要象征。正因如此，作者将这一象征性物品置于小标题中，旨在探索现代心理学与生态学的互动与交织。

化欲望。"相信"自然及其治疗功效，感受它、聆听它、注视它，像萨满一样与它融合，会让人不禁莞尔。对于相当一部分人而言，情况正是如此。伴随时间流逝，生态心理学已被结构化，其研究团队不仅包含心理学、社会学、人类学方面的专家，还包括教育家、作家、治疗师等多背景的行动者。美国大学课程为其提供有关的原则培训。但它还未成为一门独立的学术研究学科，发表在学术期刊上的文章亦不多见。[23]

*

研究生物多样性的心理学家

米里利亚·波恩的经历、心理学对人与地球关系的认识和影响以及一门行动科学的成立几乎发生在同一时间。这门由科学生态学创立的行动科学与保护相关，其目的在于将生物多样性纳入考虑范畴来预防第六次物种灭绝。[24] 行动科学意味着科学家需采取行动、参与其中、做出决定并表明立场。科学家们在实地或会议中参与创建、管理以保护自然为目的的保护区，为修复被破坏的自然环境寻找最佳策略。甚至在必要情况下建议引进物种或增加数量下降的种群，为掌握物种数量而对物种进行长、定时的监测。

立场并不意味着认同，也可能是反对。为什么生物多样性是有益的？为什么生物网络是我们所需要的？以上问题可能出自反对方或急于权衡利弊者之口，什么是物种存在的意义？

大自然的爱好者还试图就复杂性及其影响人类和其他物种的原因进行辩证思考，观察二者的联系并尽可能准确估计经济价值。没有自然，我们将付出无数代价。没有自然，我们也将无法进食。没有自然意味着没有土壤，也没有可供呼吸的氧气。

就像证明保留字母表中的哪个字母更好一样，字母E比字母B更好？或者字母X？既然X发挥的作用不大，那么也许我们可以放弃它？

在这场运动中，我们试图了解如何停止浇筑混凝土、砍伐树木、向食物和生物洒化学品，如何阻止对蝴蝶和植物[25]来说速度过快的气候变化……蝴蝶正努力向更凉爽的北部[26]移动。比生态心理学更加学术化的另一个环境心理学分支正在被创造，即保护心理学。[27]这正是苏珊·克莱顿所投入的研究方向，她在2000年以心理学家的身份参与了自然、生态系统、人类健康和可持续性的保护工作，旨在了解人类福祉与大自然相互依存的关系。与生态心理学不同，苏珊·克莱顿的目的不在于治愈思想。不过，二者十分接近。我们如何感受到自己置身于自然中？自然是否会对我们的身份与自我产生影响？我们的身份是否会因生活地点的变化而不同？我们是否在某些地方更能感受到自己与其他生物的频繁联系？保护心理学的研究对象同样包括我们在公园或森林散步时那些感动或触动我们的声音和气味。

*

正向情绪——驱动力

当世界，尤其是发达国家[28]沉浸在悲观中时，美国两位心理学家马丁·塞利格曼（Martin Seligman）和米哈伊·齐克森米哈伊（Mihaly Csikszentmihalyi）于2000年在美国一家知名心理学杂志上发文介绍"正向心理学"并指出："心理学家对人们如何在日常生活中正向成长知之甚少"[29]，而且"心理学主要关注治愈"[30]。而环境心理学则聚焦治愈心灵，一个见证了地球遭到破坏的心灵。

这令人诧异吗？不。负面情绪和经历的确急需治疗，它们往往反映了直接的问题和危险，需要我们提高警惕或改变行为。相反，快乐的经历则无须我们事后再作处理。正如两位研究者所指出，我们"就像一条水中的鱼，不会留意水的存在"[31]，快乐、爱与自豪被我们视而不见，其存在仿佛理所当然，但正向情绪才是我们生存的根基。

自2000年起，关于该问题的研究型文献的数量不断增长，而复杂性研究总是在追问如何才能更幸福或觅到幸福。在如今这个充斥着不平等和悲剧的世界里，追求幸福显得不合时宜，甚至透着一股幼稚和天真。历史学家尤瓦尔·诺亚·哈拉里（Yuval Noah Harari）通过《未来简史》（Homo deus）[32] 告诉我们相信幸福易得是自欺欺人，不少先哲也持类似看法。正向心理学的研究者也同意上述观点。我们难以与自身的负面情绪作斗争或抗衡，负面情绪往往比正向情绪更强大。坏的总比好的强（Bad is stronger than good.）是心理学中常被验证的格言。研究人员[33] 通过分析日志中记载的负面事件的影响后指出，糟糕的一天会对第二天的幸福感产生影响，而美好的一天却无法对第二天产生任何影响。

其他研究人员，尤其是美国人芭芭拉·弗雷德里克森（Barbara Fredrickson）已着手研究上述偏见，他们试图探究以下策略能否行得通，即通过重视正向情绪并将其置于日常生活的首位来平衡积极与消极的力量。在心理学家看来，正向情绪不同于身体的愉悦状态。"扩大并建构理论"[34]，即有关正向情绪的扩大和建构的理论。假定正向情绪会扩大个人的行动范围：快乐引起玩耍的欲望，兴趣引发探索的欲望，满足激起品味的欲望，爱引起与富有安全感的亲人相处的欲望。负面情绪则会引发逃跑或攻击等特定行为并将全部注意力集中在危险和情绪的触发点上。负面情绪无法开启任何可能，其目的在于催促人们作出反应并拉响警报。

另一方面，正向情绪可以把小烦恼和负面事件置于更开阔的生活背景中。错过巴士是否值得纠结？20年后的我们还会记得这件事吗？天气不错，让我们享受阳光吧……

对芭芭拉·弗雷德里克森而言，正向情绪引起的开放性有助于身体、智力、社会、个人心理等资源的发展，一旦把这些资源储存起来，就可能帮助我们克服磨难。换言之，创造和灵活的思想将在困难时刻帮助我们开启可能性，从无意义的反刍中解放我们的注意力与认知。

正向情绪驱动着我们的成就感，赋予我们活力和兴趣，使我们摆脱闷闷不乐的状态，并让我们远离孤单，帮我们从死胡同里走出来。

✱

对博物学家查尔斯·达尔文的研究进行考古

心理学研究的新方向归功于一种复兴，对以"自然选择说"著称的博物学家查尔斯·达尔文的研究工作进行考古。查尔斯·达尔文是第一个破译我们情绪的人[35]，他注意到我们的姿势、表情、笑容等具有相似性！更为重要的是，其他物种也和我们一样：猫、狗、马……耳朵低垂、耳朵竖起、嘴角上扬、尾巴下垂或用力划过空气……动物的快乐可以通过跳跃、神情表现，而这一切，从出生伊始便是如此。对于自然选择说的发明者而言，情感表达无疑对我们的生存十分重要，也就是说情感将在对某事件的反应中被触发，无须用语言表达，身体便可知晓。他甚至有过如下论述："模拟一种表达方式的简单行为往往会使它在我们的头脑中变得生动起来。"[36] 这是个已被证实的断言。把一支铅笔咬在牙齿之间维持几分钟，强制的微笑便会照亮你的内心。

查尔斯·达尔文的研究在一百多年后被证实。人们甚至对动物阅读同伴情绪的能力展开了研究，狗通过观察尾巴动作来解读情绪。狗尾巴的动作在我们看来并不显著，但它们的动作其实是不对称的，比如偏左一点摇动意味着负面情绪。察觉到此类情绪的狗的心率会随之加快，焦虑也会随之增长。[37] 它们也能听懂人类的语音语调[38]，从我们的声音中辨别我们快乐、悲伤和愤怒的情绪。山羊也十分善于识别笑脸，它们喜欢与洋溢着笑容的人互动。[39] 昆虫，准确来说是大黄蜂，在偶然喝下一滴甜水后会表现出"快乐"的状态，这使其能比没有经历过美食惊喜的大黄蜂更快速地作出决定，比如降落在一朵未知颜色的花朵上。[40] 生命世界中的情绪仍有待我们发现！

查尔斯·达尔文提出了另一则关键理论：人的生存取决于他们对同伴的仁爱之心[41] 而非竞争力。然而达尔文于 19 世纪 70 年代发表的作品在当时鲜为人知，直到一个世纪后才被重新发现。这段时间，心理学研究主要从生理学、神经冲动的运作和伟大指挥家——大脑及大脑皮层[42] 的角度聚焦情绪研究。

20 世纪末，上述研究使我们意识到心率会随着安宁或焦虑的情绪下降或上升，血液循环速度降低或处于细胞氧合的马拉松状态，皮质醇等激素分泌构成压力的象征，催产素的分泌则意味着"依恋"[43]与"亲社会行为"[44]。我们的内部机器要么在行动、跳跃、奔跑、逃离，要么做任何事情使自己平静。在目前的进化心理学研究趋势中，研究结果表明查尔斯·达尔文的正确性。正如其他所有器官一样，大脑是进化的产物。[45] 比如同情和善良在进化过程中被选中[46] 并成为人性的组成部分。

我们的情绪将我们联系在一起：情绪就是语言。嘴唇发紧、额头发皱、眉毛上扬意味着愤怒、沮丧、反对或不公。头部向下、目光躲闪、手指向嘴则意味着尴尬。我们读懂身体的表达、姿势、脸部表情、脑袋倾斜，雷鸣般的、柔和的、干巴巴的、带重音的语调[47]，还有诡秘或坚定的眼神。在几秒钟或几分钟内，我们读懂了对方传递给我们的这些奇怪但具有普遍性的符号。它们既是普遍的，也是地方性的。所有情绪都存在对应的文化地域性，这并不限于脸部肌肉的运动、神情或手的位置，而是涉及大量动作。比如中国人和日本人在表达敬意时向前鞠躬。[48]

✱

互惠的幸福

研究人员达切尔·凯尔纳（Dacher Keltner）在《权力悖论》[49]（*The Power Paradox*）中写道：我们破解了感情、意图和判断。这一切将我们与他人联系在一起并产生互动。譬如悲伤的语调会引起身边人的同情，这使我们更容易得到对方的支持。相反，一个温暖的微笑或者表示自己对此感兴趣的表达则可以看作某种带有激励性质的奖励。类似的共情，不论是身体上的还是智力上的，均是通过模仿或接触达成的，正如工作会议中野火般蔓延的带交流性质的笑声或哈欠一样……医生、研究员让·克劳德·阿梅森（Jean Claude Ameisen）在 2016年[50]的广播节目《站在达尔文的肩膀上》（*On Darwin's Shoulders*）中解释道，在两名意大利研究人员[51]的努力下，我们得以知道专门负责模仿他人的神经元称为镜像神经元[52]。他用平静的声音告诉我们，"当我们看到别人时，我们的记忆网络被激活：我们开始模仿对方。"模仿对方的姿势、站在对方的立场，但以自己的视角为基础。他们的姿势向我们传达了他们的部分心境。他们的姿势不仅仅是可以破译的符号，也可以帮助我们调整心态、意图、情绪。我们用两种不同的方式来感受并分享他人的想法：第一种是模仿姿态；第二种是试图以更抽象的方式让我们感受到他们的想法和状态。让·克劳德·阿梅森认为，所有这些都揭示了"一种意愿，一种理解的愿望，一种分享的意愿"。

在加州大学伯克利分校的在线课程"幸福的科学"[53]中，埃米莉亚娜·西莫诺玛斯（Emiliana Simonomas）也断言："我们为连接而生。"她在课程中不断重申："我们的连接能力植根于大脑、身体和我们最基本的沟通方式。"

甚至触摸也能让我们从触觉上"阅读"另一个人的情绪[54]，尤其是在表达同情方面。一只友好的手搭在肩上、背上或手臂上，能够给人以信心，使人平静，触发慷慨的行为。对于达切尔·凯尔纳和所有"触摸"领域的专家而言，触摸有益于互惠。[55]

正是这种对等性使我们快乐。最幸福的人是那些拥有最多社会关系的人。[56] 研究表明，女性在进行日常生活的社交活动时，幸福感会达到最高水平。[57] 对于青少年来说，与朋友在一起会让他们脸上露出笑容，而独自一人则让他们感到烦闷。尽管课堂活动无法令人更快乐，但相对而言，花更多时间在初中或高中的人会更快乐。[58] 研究人员埃德·迪纳（Ed Diener）和马丁·塞利格曼（Martin Seligman）却指出，社会关系是感知幸福的必要但非充分条件。

这种分享的意愿以及和他人（朋友、家人）建立联系的能力使我们在遇到困难时可以支撑自己。这类"社会资本"引起广泛讨论并得到研究经济增长和人类福祉相关性的经济学家的关注。[59] 但本文的目的并不在于参与这场辩论。重要的是明白给我们安慰和快乐的社会关系深埋在生理或情感的身体内部，它们激活了一个自童年起就被我们与他人的互动所塑造的大脑的奖励系统。[60]

我们所编织的情感关系同样影响着健康和寿命。[61] 离群索居被视为一种风险因素。当我们被排斥在游戏之外时，大脑中被激活的区域与我们经历痛苦的身体体验时相同。[62] 被爱人拒绝的痛苦与身体遭受的痛苦激活了相同的认知功能与有机体的防御机制：痛苦和怨恨提醒我们需要开启一段修复过程。

在最新研究中，研究人员甚至发现血液中纤维蛋白原的含量比我们自己的言说更能有效预测社会关系在个体生活中的重要性！[63] 关系对于健康意义重大，而我们却没有意识到这一点。当我阅读这项研究时，回忆起一个因严重心脏问题住院的朋友，她信誓旦旦地告诉我："病房里的每个人都经历过一个伤心故事。所有的人！"在查阅科学文献后，我发现心碎综合征的确存在！正如法国心脏病学联合会[64] 所强调的那样，我们不能对其掉以轻心。在某些案例中，心理痛苦能够从字面意义上阻碍心脏跳动。

✻
自然力量对情绪产生的影响

病房里有窗户吗？住在病房里的病人能看见树木吗？这些问题的提出似乎不合时宜，但其实十分重要。

20 世纪 80 年代，城市规划师和建筑师罗杰·乌尔里希（Roger Ulrich）聚焦环境美学并试图探究美对情绪健康造成的影响。当时，罗杰·乌尔里希并无具体想法，但他认为医院病人处于紧张状态，他们被关在医院里并受到约束，若能从病房里看到自然景观或许能使病人受益。他收集了 1972 至 1981 年间在美国宾夕法尼亚州一家医院接受同一种手术的同龄患者的用药率、恢复时间和手术后并发症等情况。在其他条件相同的情况下，一半的病人住在可以俯瞰医院砖墙的、带窗户的房间里，另一半的病人住在可以看到树冠的、带窗户的房间里。所有房间都位于同一条走廊。

他由此得到了一个戏剧性的结论。他发现在手术完成两天后，住在"绿色"房间的病人平均服用的强效镇痛剂仅为另一个房间的一半。尽管后者服用了更多的阿司匹林或扑热息痛，然而止痛药的效果并不好，住在看见砖墙的房间里的病人需要更多的心理支持。护士注意到他们时常恼怒，有些病人甚至会哭泣。相反，护士对住在"绿色"房间病人的评论则较为正面:"可以运动"
"状态良好"。这些病人的平均出院时间也比其他病人早
一天。[65]

罗杰·乌尔里希的研究带给我们启发,这是我们首
次发现住院病人的压力和疼痛会因为看见树木而减少。

在罗杰·乌尔里希发表研究报告的同一年,即 1984
年,以定义生物多样性而闻名的生物学家、昆虫学家爱
德华·威尔逊(Edward O. Wilson)写道,他"意图证
明探索生命并与生命结合,是一个深刻而复杂的心理发
展过程"。[66] 在爱德华·威尔逊看来,人类像一块磁铁一
样深深地被其他生物吸引,"如同飞蛾扑火"[67]。他喜欢
复杂的词语,并将上述现象称为"生物亲和力",即"关
注生命和生物过程的一种先天倾向"。

爱德华·威尔逊是一位生物学家,罗杰·乌尔里希
是一名建筑师,他们的专著为理解我们与生物世界的关
系,尤其是环境和保护心理学的相关趋势奠定了坚实基
础。在法国,罗杰·乌尔里希的研究直到 2005 年才进入
生态学家们与生态部的视线范围,与此同时,人们开始
细数生物多样性为我们提供的无偿服务。[68] 20 年来,这位
建筑师常以顾问的身份前往斯堪的纳维亚、澳大利亚、
英国和日本。

*

"哇"效应比想象中的更重要

回到情绪研究上，我曾提及与一片树叶的相遇，还有朱莉的学生。自然使我们在宇宙力量面前意识到自己的渺小，由此引发的"哇"效应仍未引起科学研究的普遍重视。

在看到绚丽风景、巍峨巨树或闪烁星空时产生的情感激活了我们对他人的慷慨之情。[69] 这种"哇"效应比起集体性情感也不相上下。[70]

2015 年[71] 几位学者进行的五次实验证实了这一判断。其中一项实验要求人们写下至少五句话，讲述他们感叹"哇"（第一组）或骄傲（第二组）的时刻。第三组被要求讲述他们平常的一天。在证实这项练习会增强自豪感与崇高感后，参与调查的人员需要填写一份调查问卷，在 1 到 7 的范围内衡量自身是否产生了如上情绪，以便研究人员对其情绪状态进行量化测量。随后，研究者们继续检验他们在八个场景中作出的伦理决定。

例如："你在排了 10 分钟的队后，买了一杯咖啡和一个松饼。当你走到几个街区以外的地方时，发现店员多找了 10 美元的零钱给你，他误以为你给他的是 20 美元，实际上你给他的是 10 美元。你享受着咖啡和松饼，还有额外赚到的10美元。"参与者在了解上述情境后被要求在七种可能性的范围内指出自己的做法。"哇"组的人明显表示自己不太可能心安理得地享受点心。他们会选择回去归还10美元，这一举动将对雇员有益。

另一项实验同样值得一谈：共有90名性别各异的学生，一部分学生被要求站在一片高大的桉树林中，另一部分学生则被要求面对一栋高楼。之后，他们被要求在1分钟内抬头注视天空。1分钟结束后，实验者拿着调查问卷以及一个装有10支铅笔的筒走向学生。行走过程中笔筒歪倒了，铅笔掉在地上。参与实验的学生争先恐后地捡起铅笔。事实上，并非每个人都如此匆忙地弯腰拾起铅笔。那些注视了树顶的学生，即那些明显感受到更多"哇"的学生捡起了最多的铅笔！

在树底下待上1分钟，用鼻子嗅一嗅空气，这将对你产生莫大帮助！

通过探索正向情绪，心理学研究者们表明，树木影响着我们友好的社会关系。

由此可知，心理学和生态学相辅相成：我们依赖树木，因为它们的呼吸可以激活幸福和其他于我们有益的情绪。

第二章 适应史

生活像水一样在安静的河流中流动，我们的感官被固定在编码般的习惯中不受质疑，意外、灾难、惨剧等新闻予以我们直接的冲击与打击。我们在面对它的那一刻总是试图逃避，但我们或许会在未来面对它并以各自的方式重建自我。打击的危险在于其不可预知。

我们失去了对环境的控制。无论是对所爱的人、家、工作与社会。它们不再处在我们的掌控之下。

灾难使我们的情绪备受震荡，而恐惧和焦虑则让我们在面临危险时采取行动。面对未来灾难的恐惧如此强烈，以至于这份情绪使我们总是提前计划。[1]

2018 年夏，欧洲北部从未如此干燥。瑞典民众忧愁雨水匮乏，为水井的干涸发愁，水井和雨水为瑞典人建在苔藓遍生的树林里的家宅提供了水源。气象学家承认他们并不确定临近的低气压系统是否最终会经过该国上空。他们在天气短新闻里一边说一边耸肩："我们会知道的。"尽管掌握着技术，尽管有超级计算机和数学模型，科学家们却坦言自己无能为力。气候已然失去"控制"。这仅仅是一个国家的例子。与此同时，葡萄牙和加利福尼亚面临着火灾，朝鲜、索马里和法国经历着干旱和异常的高温。2017年9月，史上最强飓风艾尔玛（Irma）吞噬着加勒比海岸。虽然它的轨迹经计算后已被准确掌握，但五级飓风的威力仍让所有人感到惊讶。尽管20世纪的我们开发了高度复杂的气候预测技术，可以让我们预测一小时内地球各地的降雨情况，但全球范围内的气候变化却引起了更频繁的极端气象——风暴、干旱、飓风、暴雨，其强度难以预测。[2]

✽

在限制中寻找机会

如何应对不可预测的情况？

明天将在一个动态变化的环境中变得有所不同。

这被视作生态学的研究基础之一。物种如何在不可预测的情况下存活？[3] 它们会采取什么策略？

短梗苞茅（Hyparrhenia diplandra）生长于西非，主要聚集在科特迪瓦。每年旱季，人们都会点燃草原上的植被。[4] 那是一片高地草原，草的高度能达到一米或一米五。焚烧是为了腾出空间并开辟景观，从而促进植被再生长。而植被的生长取决于天气，长高的草被大火烧光，

38

在光景好的年份，更多的植被会被烧掉，在光景差的年份，有机物变少了，火的强度也有所区别。火焰加热土壤。地底下埋有熟透落地的短梗苞茅的种子，在一根"魔法"长杆——脊的助力下钻进土里。清晨，随着露水蒸发，脊变得干燥，这使得它们扭曲、旋转，从而产生类似螺丝刀的运动：种子一点点沉入沙土。它们自己完成栽种、发芽，并躲避火灾。但故事并未就此完结。一些种子有长脊，另一些有短脊。长的往深里钻，短的则更多地停留在大地表面。随着火势蔓延，火焰点燃了草丛干燥的茎部，加热了容纳种子的土壤。这原本只是一种猜测，但现在已得到证明，位置较深的种子对强火的防御力更高，而其他种子则受益于快速增大的火势，逃脱了被焚烧的命运。这些种子多位于地表层，一下雨就会发芽，它们比深层种子的生长要快得多，而且它们还在光照方面拥有优势。因此，短梗苞茅通过长短不一的脊来帮助种子应对火灾强度的不可预测性。最令人吃惊的是，它们甚至不是个体，而是一群相似的个体，即克隆体。这种草的种子源自自身：无须雄性的帮助即可受精，实现自我繁殖。在长满短梗苞茅的稀树草原上，有的克隆体受益于强火，有的受益于明面的大火：一切都在年复一年地实现平衡。由于其后代的"适应能力"[5]，草"控制"着不可预测的环境。在限制中，它找到了机会。

加拿大研究人员克劳福德·霍林（Crawford Holling）以大草原为模型彻底改变了所谓的生态系统平衡的研究。一片草地，若无人放牧或砍伐，将逐渐被树木侵占。你认为大草原也是如此。但草原一直是草原，它没有变成森林。对克劳福德·霍林而言，自然之火发挥着决定性作用。它破坏生态系统的稳定，推进当地物种的多样化趋势以度过困难时期。霍林称其为适应理论。[6]

✳

控制的诱惑

　　对人类而言，我们很难接受这样的说法：一个好的小灾难可以帮助我们学习抵御生活的无常。我们更愿意维持平衡。

　　永恒平衡将是完美的。而在现实世界，完美平衡并不存在，我们会从一种平衡走向另一种。生态学教授罗伯特·巴尔博（Robert Barbault）在《保龄球馆的大象》（*Un éléphant dans un jeu de quilles*）中写道："我们在平衡表象之外发现了生物的两种基本属性——繁殖与不可阻挡的灭绝趋势。"[7]

　　这一平衡的概念让我联想起环境心理学家米里利亚·波恩的一席话。她告诉我："所有生物，至少所有动物，都赞成尽可能地控制它们的空间生活环境。"就个人而言，个体都在寻求生存。而控制环境的目的在于保持某种生活的平衡。

60年来，研究对象始终聚焦于当我们面对困难时，什么是可控的。对于人类而言，安全感是首要的。安全的环境就是一个可控的环境。[8] 而每个人对于可控的东西都有自己的看法。1959年，哈佛大学的研究者罗伯特·怀特（Robert White）在观察动物和幼儿在环境中的应对后发表了一篇文章。[9] 人似乎天生具备发现世界运作的能力，即一种"效能感"。这令我们满意：有效率！他的研究也已得到证实。[10]

我们谈论的"可控"是什么呢？心理学家区分了客观控制——我们采取某种行为控制某种情况的真实生物能力，以及主观控制——我们对自己的控制能力的估计。你的肌肉可以完成50个俯卧撑吗？你可能认为自己能做到，而现实中却失败了；你可能认为自己无法做到的事情却成功了。在第二种情况下，你并未意识到自己真正具备的生物能力。

不论年龄大小，当我们自觉无力控制某一情况时，就会感到脆弱。[11] 我再重申一次，"要相信自己"，这的确很主观，仅仅是一种想法，不一定能成为现实。但这种主观并非无足轻重，它影响着我们看待困难与失败的视角。

*

圣女贞德与情绪的诞生

1429 年，圣女贞德与查理七世并肩作战，百年战争激烈而焦灼。那是一个混乱的时代，整个社会面临着查理六世 1422 年统治结束后持续不断的政治危机。法国处在小冰期气候中，流行病一波波蔓延。此外，还发生了经济危机，货币也在贬值。自古以来，社会被视作一具假想的患病人体。法国第一位女性文学家克里斯蒂娜·德·皮赞（Christine de Pizan）笔下的"治理身体"就是指这一新概念。从前，身体是静止的，如今它变成"流动的"，而变动的情绪"永久威胁着社会稳定"。[12] 按照上帝形象创造出一个完美的自然模型，其组织结构遵循着身体的组织结构规律。以统治者为首，听、看、说的法官和总督，手握缰绳的国王官员以及脚踏实地养活世界的农民。至于内脏，则由金融家把持……

国王查理六世在统治末期陷入疯癫。社会头颅应被砍断吗？这一问题盘旋在当时知识分子的心中。一具无头身体该如何实行统治？14 世纪的哲学家和天文学家尼可·奥雷斯梅（Nicole Oresme）谈及体液失衡，即身体中的体液不再处于平衡状态：一头聚集了过分的财富，另一头却一无所有。他首次将动态的概念引入社会稳定性质。而维持和谐则表现为一个持续不断的过程。

在耶路撒冷大学执教的政治学教授尼可·霍克纳（Nicole Hochner）看来，尼可·奥雷斯梅毫无疑问是使用"情绪"（esmotion）[13] 的先驱，这个词引起了我们极大的兴趣。杰汉·卡巴莱德·奥维尔（Jehan Cabaret d'Orville）在《好公爵洛伊斯·德·波旁纪事》（*Chronique du bon duc Loys de Bourbon*）中首次使用该词，其含义包括"影响现状的运动"及"引起干扰或麻烦的有意识运动"。我们有充分理由可以相信"情绪"一词的首次亮相是在1429 年 5 月 4 日，即圣女贞德和皇家军队进攻奥尔良的日子——一个引起变动的历史性日期。

"情绪"与对社会失衡或倾覆的恐惧相关，我们处于失控的主观状态。在接下来的 18 世纪，这个词与超敏症（hypersensibilité）联系在一起，指涉我和他人之间及我和他人对自我看法之间的不平衡。

驱动我们的"情绪"的词源里映射出一段法国历史。

✳

多样性，一座充满可能性的图书馆

回归正题。障碍的出现让我们着手估计自身应对新情况的潜力，对此，研究人员还未完全研究透彻。[14] 在生态学和心理学方面，这条路径会导向适应。在心理学上，这意味着一种朝向正常幸福状态的回归。[15] 鲍里斯·塞卢克尼（Boris Cyrulnik）将其界定为"一种新发展的复归"。对他来讲，"我们再也无法回到过去。创伤已在大脑和情感上留下痕迹，还影响了自我表现及以我们自身为原型的故事"。[16]

生态学中的适应力是指一个生态系统在受到干扰后重新发展的能力。克劳福德·霍林写道："气候条件极端恶劣的地区人口波动大，但它具备强大的能力吸收这些波动。"[17] 与此相反，气候变化较小的地区即使人口不变也更难忍受极端天气。"环境在时间和空间上越是同质化，系统的波动及适应力越小。"随着第六次生物多样性大灭绝的到来和环境的同质化[18]，我们陷入同质性[19]之中。

对大多数研究人员来说，适应的潜力来自物种的多样性。在过去 40 年间，这似乎已经自证为事实。森林里的植物和动物物种越多，森林的适应力就越强。[20] 在另一种类型的"森林"——珊瑚礁中，热带鱼的种类越多，珊瑚对不断上升和变化的海洋温度的适应能力就越灵活。[21] 塞舌尔群岛便是明证，那里的珊瑚在水温大幅上升后遭遇了重大的白化事件。1998 年，几乎 90% 的珊瑚因失去负责光合作用的细菌出现大面积死亡。这些珊瑚若失去它们的微观助手便无法生存。没有助手，动物便会褪去色泽，走向死亡。幸运的是，在戏剧性事件发生的

4 年前研究人员便已开始对鱼类进行监测，这一活动持续至 2011 年。研究人员观察到一些被藻类覆盖的珊瑚礁没有恢复生机，另一些却相反。于是他们得出结论，不同大小的草食性鱼类，种类越多就越能促进珊瑚礁的恢复。实际上，鱼类进食海藻有助于珊瑚和细菌重聚，细菌需要捕捉光线，而海藻则使它们窒息。[22] 丰富的多样性意味着差异性明显的行为以及应对干扰产生的可能反应。但也需考虑遗传的多样性：在沙质和泥质海底形成的大叶藻垫会在遗传多样性下显示出更为明显的再生迹象。[23]

面对干扰的刺激，多样性产生的普遍反应有助于增强适应力。

为什么一个生态系统中存在具备相同功能的数类物种？比如著名的吃藻鱼。再以授粉为例，野生昆虫为野生花卉和栽培植物授粉。但除了作为传粉者，昆虫还经常发挥另一种功能。例如苍蝇可以为花朵授粉，其幼虫同样能够分解尸体。食蚜蝇在授粉的同时，如果刚好处在幼年时期，还能吞噬对农作物有害的昆虫。其他物种如蝴蝶则能利用其毛虫为植物授粉并调节植物种群。物种间互帮互助，它们有时从同样的花朵中授粉，研究人员称之为功能的冗余。[24] 这可以保障授粉在受到其他干扰的情况下也能正常进行，总有一类昆虫物种可以帮助授粉。

在生物多样性这本"巨著"中，授粉可以用不同的字母和单词来书写，我们的身体也是如此。与我们共享身体的细菌正在显微镜下被研究。它们具备什么不同的功能？我们能否像描述草地上的昆虫一样区别它们各自的作用？例如在小鼠的饮食中增加糖和脂肪既可以促进某些肠道细菌生长，也对其他喜欢低脂肪环境的细菌造成了干扰。饮食紊乱、胃部风暴、高卡路里飓风，一切都失去了平衡！我们的微生物群——与我们共享身体的微观生物的名称——的生态学正演变为一个健康问题。[25]

✳

预测、适应或转变

克劳福德·霍林的研究工作并不局限于生态学，尤其自 2000 年以来，他开始关注人类社会的适应力。[26] 既然个人和物种群体能够抵御干扰，人类也必有应对社会、政治和环境干扰的能力。但一个具备适应力的生态系统是否会促进人类社群的适应力呢？它们在干扰中发现了哪些机会或限制？人类仅仅是地球上的物种之一，但其行为与文化却存在巨大的差异！他们的选择与行为方式也影响着被改变的生态系统的运作。[27]

例如生态学家拉斐尔·马特维（Raphaël Mathevet）针对多瑙河三角洲和卡马格地区的芦苇沼泽地的研究。他指出，它们"受到多种人类活动的影响，如收割芦苇、猎取水禽、放牧、捕鱼、自然保护项目等，这将改变它们的活性"。[28] 而芦苇地也会根据降雨和潮汐调整自身的节奏。芦苇地变成草地、水域或森林取决于不同时期的干燥度、盐度或洪水影响。由于受到不同人类活动的影响，它向某种生态系统的转变或多或少受到推进或抑制。一场洪水对于卖麦茬的人来说可能是灾难性的，但对于渔民来说却是天赐良机。

这是一个关乎视角的问题。

拉斐尔·马特维写道："思考一个系统的适应力在于思考不同状态的过渡，这些状态或多或少都是人类所希望和追求的。"[29] 这取决于我们是否有能力避免某个临界点，否则从该临界点返回正常状态的过程将是漫长而昂贵的，甚至是不可能的。

预测、适应或转变体现着前瞻性。1995 年，只有 100 篇涉及环境适应力的文章。20 年后，相关主题的研究超过 20,000 篇！这也是我们的目标。适应力在预测和应对持续变化方面成为可行的战略。对于瑞典斯德哥尔摩适应力中心的共同创始人卡尔·福尔克（Carl Folke）教授来说，该问题涉及生活在一个不确定的世界并利用这种不可预测性的相关策略。惊喜并不总是来自冲击和打击，它也会在缓慢和不明显的变化之后浮现。[30] 但我们与生态系统之间有着不可分割的联系，将它们考虑在内可以称得上一个巨大进步。试想一下，如果街上的每个人都在窗口放置一盆野花……届时，街道开满鲜花，而我们也将拥有一片立体草地，觅食的昆虫和鸣禽也将回归城市。

✻

世贸中心的双子塔

开启新的思维方式并避免自身的盲目性可以帮助我们打开丰富的可能性，这就是正向的意义，也是研究员芭芭拉·弗雷德里克森倡导的正向心理学的研究主张。若纠结于负面情绪，我们的活动将趋向自动化，并使我们封闭自身。而面向新事物保持开放，不论拥有的是悲伤还是快乐的情绪，都意味着建立新的资源并提升适应力。[31]

2001年春，芭芭拉·弗雷德里克森万万没有想到一场恐怖袭击将在同年9月11日击倒纽约世贸中心的双子塔，另一架飞机还将撞上华盛顿特区的五角大楼。之后，她对居住在密歇根州、离底特律不远的133名学生发起了一项情绪研究。[32]

袭击发生10天后，芭芭拉向受访学生发送了一封电子邮件，邀请他们回答一份新的调查问卷。70%的美国公民在袭击发生后几天里流下眼泪，超过一半的人感到沮丧，33%—62%的人经历了睡眠障碍。这场袭击如此激烈，如此突然，如此不真实，我们中的许多人仍记得那天自己在做什么。3,000 人死在塔楼里。

愤怒、悲伤、焦虑和恐惧是人们主要的感受，仅有不到 20% 的人对未来抱有希望。

而研究者相信我们具有丰富的正向情绪，她以"扩大并建构理论"的名义将其理论化。[33] 芭芭拉认为它们能有效应对逆境。2001 年，她证明过我们的正向情绪或多或少地扼杀了负面情绪的生理影响。譬如正向情绪降低了因焦虑而引发的心率加速。快乐或欢乐的影响不仅如此，宁静和满足也有助于调节我们的心跳。[34]

她的假设是，在袭击前更容易感到感激、爱和好奇的人可能恢复得更快。

袭击发生后，她所接触的 47 名学生均表现出抑郁迹象并伴随愤怒、焦虑和恐惧等混合情绪。而正如她在与研究人员米歇尔·图加德（Michele Tugade）、克里斯蒂安·沃（Christian Waugh）和格雷戈里·拉金（Gregory Larkin）合著的文章[35] 中所指出的那样，学生们也表现出感激情绪，感恩自己和家人的安全。

当她观察他们的适应力时，她很快发现它与 6 种正向情绪相关：兴趣、快乐、希望、欲望、自豪和满意。其中，爱和感激是所有人都表现出的情感体验。研究员表示，尽管愤怒和厌恶的情绪在袭击后表现得根深蒂固，仍有人比其他人更频繁地体验正向情绪，这种能力能减轻抑郁症状。此外，适应力还与其他心理资源有关，如乐观主义和对自己的生活感到满意等。

认识你自己

该项研究已被所有涉及适应力的学术文章引用，它表明我们有能力在极度悲伤和情绪不稳定的时刻体验正向情绪。在平常生活中关注正向情绪有助于我们前进，最重要的是，它使我们在逆境中更有耐力，相信柳暗花明又一村。适应力是一种日常魔法。[36]

它也会根据个人情况的不同产生变化。一些人比另一些人适应力更强。一些人在经历压力、创伤后会度过一段心理病理期，而有些人则能继续前进。适应力是动态且多维的[37]，类似生态系统。每个人有自己的路要走，可能会碰到各式各样的障碍，其间会有喜怒哀乐，也需要作出努力，有时这条路可能会消失在杂草丛里，但它总会重新出现。小说家谢丽尔·斯特雷德（Cheryl Strayed）曾说过，她的生活充满了灾难，而她决定靠自己的力量和意志走完 1,700 公里的太平洋山峰径，尽管此前她从未有过徒步旅行的经历。[38]

一些在生活中经历过强烈痛苦的人，甚至在反复受痛苦煎熬和难以入睡的时期表现出健康的身体状况和开朗的情绪。心理学界长期以来对此抱有怀疑。人们认为具有类似经历的人必然不健康。一个沉浸在悲哀中的人怎么还能露出笑容？有人指出原因在于有没有爱恋的对象。2004 年，心理学家乔治·博纳诺（George Bonanno）解释道，恰恰相反，他们的适应力尤其好，经历过战争的人，如经历过海湾战争的美国老兵，或经历过摩托车或汽车事故的人，只有不到四分之一的人表现出真正的创伤后压力。[39]

同年，美国研究人员表明，能够更好地用语言辨别正向情绪的人同样也是适应力最好的人[40]，因为他们更能找到适应相关情境的情绪。自此，大量研究表明了解自身的正向与负面情绪能够通往更健康的生活。[41]

意识到我们曾处在不平衡的情绪状态之中——十分积极或非常消极，似乎会使我们意识到自己可以控制自己并高效面对自己，从而令自己快乐。另一个有趣的观点在于，我们情绪的多样性与辨别情绪的能力在日常生活中显得十分重要。

巴塞罗那庞培-法布拉大学（Pompeu-Fabra）经济和商业系教授乔迪·库奥德巴赫（Jordi Quoidbach）将其称为情绪多样性（émo-diversité）。[42] 它包含各种黄色的表情符号，有微笑、皱眉、太阳镜等。没有能唤起生物多样性或自然的符号。而他在介绍情绪多样性研究时写道："我们的符号是建立在自然科学研究之上，与生物多样性（生态系统中不同类型生物的种类和相对丰度）的优势相关，促进适应的灵活性以及生态系统的适应力。"[43]

　　研究小组使用生态学家熟知的统计指数——香农指数（Shannon）来量化人类拥有的丰富情绪及情绪的公平分布[①]。

　　2011年，35,844人响应了法国电视节目《他们的幸福秘诀》（*Leurs secrets du bonheur*）的号召应邀填写一份调查问卷，以评估他们的积极、消极情绪及抑郁症状。研究表明，人们经历的情绪越多，包括积极和消极的情绪，越不会出现抑郁症的症状。在研究人员看来，情绪多样性无疑与更健康的心理状态有关。[44]

　　乔迪·库奥德巴赫向我解释道，"我一直在寻找一种量化人们复杂情绪的方法，因为我不满意心理学中测量情绪的经典方法"。事实上，它是"不同状态的简单算术总和。在我看来，生物多样性的概念和它之于生态系统的功能性是一个很好的类比，不难得知，丰富的情绪多样性可能具有更强的适应力"。

　　来自加州大学伯克利分校的艾伦·考恩（Alan Cowen）和达切尔·凯尔纳试图了解我们如何通过语言（研究对象为英语）为情绪分类。他们准备了2,000多个时长5秒钟的视频，涉及各类主题（婚姻、死亡、出生、动物、建筑、艺术、爆炸、食物等），志愿者需讲述观看

──────────

① 作按：在生态学中，公平性是指每个物种个体数量的分布。

视频时的情绪体验。研究人员共发现了 27 种情绪[45]，并得出了一幅比动画片"反之亦然"（Vice Versa）[46] 过于简单化的视角更复杂的分布图，每一种情绪相当于一个单一字符。我们的情绪体验十分丰富，我们把它们联系在一起，它们彼此的界限趋向模糊：焦虑接近于恐惧，厌恶接近于惊恐。它们看起来正如生态学中的多样性一样彼此相互滋养、联结或竞争。

情绪多样性有着光明的未来。刚刚发表的一项研究[47] 表明：在一个月内每天体验更多正向情绪的实验体的血液中所呈现出的炎症水平更低。这不受体重、抗炎药物、性格或消极和积极情绪的平均水平的影响。

多样性和适应力，平衡和失衡，控制和效率，在我们体内构成了我们的生态系统：心理学早已在各层面与生态学会合。

第三章　合作史

在詹姆斯·卡梅隆的传奇电影中，杰克（莱昂纳多·迪卡普里奥饰演）可能在泰坦尼克号邮轮的船头喊道："我是400亿亿个细胞！"拥有如此庞大的数字非国王莫属了！我们都是世界的国王。这个数字构成了我们的身体，我们每个人都是400亿亿个细胞。当一个微弱的声音在你耳边说你其实也是100亿亿个微生物时，你会作何反应？

你的22,000个基因无法与构成你身体的200万个微生物相比吗？

自19世纪人们发现微生物具有传染性以来，微生物一直是我们的敌人。在路易斯·巴斯德（Louis Pasteur）和众人的努力下，白喉、百日咳、麻疹、黄热病、破伤风等均已得到有效防治。

指出什么地方出了问题，什么阻碍了某个过程，什么崩溃了，什么有危险，总比分析什么在工作要容易。"坏的比好的强"[1]在许多影响人类的问题上被视作一种普遍偏见。心理学教授史蒂芬·平克（Steven Pinker）告诉我们，人的大脑"倾向于通过回忆相关案例的难易程度来判断事件的可能性"。[2] 而事关暴力、悲惨与绝望的死亡是其中的一部分。当电影《大白鲨》[3]（*Les Dents de la mer*）的配乐在对导演史蒂文·斯皮尔伯格（Steven Spielberg）的作品感到不寒而栗的几代人脑中反复播放时，人们很难用仁慈的眼光看待鲨鱼。

1985 年，在 17,000 篇心理学领域的相关论文中，接近70％的论文涉及上述问题。在其他领域有哪些相同类型的研究偏见？

✳

小说与文字：当正向情绪趋于消失

专门研究文化传播的研究员奥利维尔·莫兰（Olivier Morin）在认知科学、人类学和人类历史之间游走，他和同事阿尔贝托·阿切尔比（Alberto Acerbi）发现，自 19 世纪初以来，英国文学逐渐失去了情感词汇，这种演变是以牺牲描述正向情绪的词语为代价的。假设语言的进化方式与生物学相同，即通过认知与社会选择的力量促成进化。[4] 通过分析 250 位作家的作品（42,800卷，时间从 1625 到 1943 年）和谷歌图书语料库（307,527 卷，出版于 1900 到 2000 年），他们发现描述情绪的词汇的使用发生了变化。①

　　他们利用统计模型研究这一发现是否可以根据随作者的年龄、性别、词汇丰富程度及书的长度而变化的人口动态进行解释。但过去的两个世纪似乎与这种下降并无任何关联。重要的是知道我们在写作中会自发地用正向语言进行委婉讲述，这就是所谓的语言学偏见。5 两位研究人员惊讶地发现，所研究时间段与人口日益城市化及所谓的"非个人交往"的增加相对应。城市在一个拥挤的世界中发展出匿名性、孤独感和压力——人们对空间的责任感大大降低。

　　在 2002 年的一篇文章中，环境心理学研究者加布里埃尔·莫泽（Gabriel Moser）写道："城市环境中的社会性越来越具有功能性"，"城市环境的密集化导致了更多表面上的人际交往和社会生活的分割，同时，矛盾的是，当地的社会化被赋予了更大的价值"。6 在对巴黎及其郊区的研究中，加布里埃尔·莫泽表明，一半对自己家不满意的居民也难以在整个城市中建立社会关系。这也解释了为什么另一半人会拥有好朋友、熟人和家庭关系网络。他还发现，人们每天面临的通勤时间增加了建立和维持关系的难度，只有那些有幸在周末外出看望朋友的

---

① 作按：从用于语言研究的语言学调查和字数统计（LIWC）中选择了 408 个正向情绪的词汇和 499 个负面情绪的词汇。

巴黎人和郊区人的关系数量与生活在小城镇的人相当。

城市是否通过其减少积极的相互关系（以及合作和团结的可能性）的效果，影响我们在写作中表达的正向情绪？奥利维尔·莫兰和阿尔贝托·阿切尔比得到的另一个重要结果是，人们使用负面情绪词汇仍十分稳定。

这两位研究人员并非唯一发现上述结果的人，另一项 2016 年[7] 发表在美国主要科学期刊 PNAS 上的研究也证明了这一点。在文章中，鲁门·伊里耶夫（Rumen Iliev）及其合作者表明，《纽约时报》和谷歌引用的 130 万部美国作品（共 1,920 亿字）中正面和负面词汇的使用是有关环境和人的主观经验的函数。他们发现战争时期人们使用的正向词汇较少，而当主观幸福水平提高时，正向词汇的数量也相应有所增加。但正如奥利维尔·莫兰和阿尔贝托·阿切尔比所指明的那样，自 20 世纪中期以来，美国文学中充满甜蜜、希望和微笑的文字世界已逐渐贫瘠。鲁门·伊里耶夫给出了何种解释？他假定，我们的正向语言与我们的亲社会性[8] 有关：与我们帮助他人、合作的愿望有关，与我们希望成为他人中的一员有关。他发现美国社会的凝聚力正在下降，美国公民比以前更个人化，更不具备同情心。这使得从前的合作难以恢复。

心理学研究者史蒂文·平克认为，写作和识字的发展似乎"最能说明问题"，它拓宽了人类的"精神视野"，"为他们的情感和信仰增添了一剂人文精神"。[9] 他写道：

"阅读是一种透视技术",它使我们通过移情能力"进入另一个人的心灵","在这个意义上,我们可以站在他或她的立场上"。阅读描述正向情绪越来越少的文本可能会产生怎样的影响?

*

当竞争主导一切

1997 年,迈克尔·克劳利(Michael Crawley)教授所著《植物生态学》(*Plant Ecology*)被奉为生态学学子的圣经。由迈克尔·贝贡(Michael Begon)、约翰·哈珀(John L. Harper)及科林·汤森(Colin R. Townsend)合著的《生态学》[10] 也具备同等的学科地位。20 年后,我们可以比较作品中关于物种间竞争与捕食的研究比例。书中有数章内容在讨论猎物和捕食者之间的动态关系及食草动物在植物进化中的作用、动态与结构。虽然有一章讨论了动物的授粉以及种子的传播,但只有一小章(仅仅几页)介绍了它们互利的相互作用。"与我们对竞争、食草动物甚至病原体在植物种群动态中所起作用的认识相比,我们对互利作用的认识仍处于初级阶段。甚至没有任何理论框架与互利的互动关系相关。"[11] 生活中积极和消极互动的研究比例也存在显而易见的失衡现象。

如果人体内的细菌细胞比自身的细胞多,那么便能证明我们也是共生的生命。我们不是"我",而是"我们"。我们通过他者发挥作用,而他者又通过我们发挥作用。[12] 这在很大程度上改变了视角。

如果心理学能够研究正向和负面情绪对个人幸福而言的分量,我们应该也能研究生态学中的积极和消极互动。但生态学大部分的研究都集中在对负面关系的研究上。

2017 年,在全球领先的科学文章搜索引擎谷歌学术上,引用竞争的文章超过 20 亿篇,引用捕食的文章超过 100 万篇,引用共生的文章有 33.8 万篇,引用互助的文章仅为 7.25 万篇。大约 90% 的论文涉及物种之间的负面相互作用。20 世纪 80 年代似乎可作为一个转折点,政治学教授罗伯特·阿克塞尔罗德(Robert Axelrod)出版了一本有关合作进化的书籍。[13] 假设每个人的利益都利己,那么合作又谈何可能?甚至在更早的年代,生物学家理查德·道金斯(Richard Dawkins)于 1976 年发表了《自私的基因》(The Selfish Gene)[14],他认为许多个人行为——如利他主义——可以从基因角度进行解释。①

_____

① 作按:这两本具有启示意义的书使我把"搜索"分为两段时期:从 1943 到 1980 年及从 1980 到 2017 年,关键词是竞争、生态与合作。1980 年前,引用"竞争"的研究报告共 54,000 份,涉及"合作"的报告共 20,200 份。自 20 世纪 80 年代起,"竞争"报告的数据飙升至 81.3 万次,"合作"的数据为 88.5 万次。而谷歌学术无法做到完全准确。因此,我仅限于搜索文章标题中的关键词。结果发现 1980 年前,带有"生态学""合作"关键词的文章比例占出版物的 0.064%,1980—2000 年期间,占 20%。2000 年后,这一比例上升到 30%。

2000年后，一些生态学研究者逐渐转向研究个体、由个体组成的群体或物种间的正向关系。

✳

有益的细菌

我们不再像路易斯·巴斯德所在的时代那样看待细菌。当研究人员凯瑟琳·罗祖朋（Catherine Lozupone）及其同事于2012年在《自然》杂志上发表论文时，他们这样描述我们与微生物的关系："大多数肠道微生物要么无害，要么对宿主有益。肠道细菌保护我们免受肠道病原体，从我们的食物中提取营养物质和能量，并促进正常的免疫功能。"[15] 他们对待微生物的态度非常积极！

目前还没有人发现我们的大脑中存在一种影响思想的特定细菌菌群。著名的肠道微生物群可能对我们的情绪起作用。2012年，爱尔兰研究人员表明，雄性小鼠宝宝肠道中的细菌数量会影响其成年后大脑中血清素的存在。这种荷尔蒙以积极的方式调节情绪和情感，是"快乐荷尔蒙"之一。[16] 我们的肠道离管理我们的大脑并不遥远。

自2000年以来，参与土壤中有机物分解的分枝杆菌也开始因其对小鼠的抗抑郁作用而成为中心议题。而研究人员的结论是："由于现代城市中与健康土壤和动物的接触减少，我们失去了接触'老朋友'的机会，这部分解释了免疫性疾病的增加，包括心理障碍。"[17] 细菌不再是全然的敌人，它获得了一个全新的角色：我们的合作伙伴。

✳

合作的时代

史蒂芬·平克用数字和图表证明，"无论你是否愿意相信——我知道大多数人都不相信——在很长一段时间内，暴力一直在减少，今天我们很可能生活在人类有史以来最和平的时代。"[18] 他试图研究各种规模的暴力——家庭内部、邻里之间、部落和其他武装派别之间以及大国之间——呈现下降的趋势。他以心理学（认知科学、神经科学、社会和进化心理学）为基础，阐明了人类历史是如何在魔鬼（包含暴力的具体形式，如统治意志、复仇、掠夺）和天使（移情、理性、自我控制、道德）的心性影响下，逐渐趋向"我们最和平的愿望"。这一结果似乎与鲁门·伊里耶夫及其合作者或奥利维尔·莫兰和阿尔贝托·阿切尔比的假说相矛盾，他们认为个人主义的趋势在上涨。但必须假定的是，以上机制不在同一时间和地点范围内。

若说进入 21 世纪后，关于物种之间（生态学）和人之间（心理学）的积极互动的研究有所增加，那么有一种生物跨越了两门学科：大猩猩。它们与我们不同，却又如此接近，分析其行为有助于了解我们的源头和进化。2016年一项有趣的研究[19]显示，在已知会打架的黑猩猩身上，竞争会随着时间推移逐渐消失并转向合作。经由研究人员的设计，在一个由11只黑猩猩组成的小组中，2到3只黑猩猩必须合作才能获得食物。而在这种安排下，其他黑猩猩很容易白吃白喝。

在前25个小时的实验过程中，猩猩们合作得很好。而从第26到第50小时，有的猩猩通过掌握权力而获得食物，有的则认为偷窃能加快获得水果。之后，随着竞争行为越来越不频繁，从第55到第94小时之间，合作再次出现。大约每隔2分钟，这些猩猩就会三三两两地结伴觅食。研究人员统计出共有600个竞争行为对应3,565个合作行为，即每6次积极行为对应一次消极行为。该比例同样适用于人，一个群体（甚至在一对夫妇中）会随着时间的推移建立起一种关系上的平衡，尽管争执仍难以避免。

为何在一个相处融洽的阶段后，团体中会突然出现偷窃和夺取权力的行为？研究人员解释道，合作的建立要求作出巨大努力，还需要更深入地理解现有系统。此时，有个体认为自己比别人更聪明，便开始作弊。但他们忘记了，骗子是不受欢迎的，所有出卖他人的成员均受到了批评，甚至责罚。此后，只有携手合作，才能有所收获。

著名灵长类动物学家、猿类心理学专家弗兰斯·德·瓦尔（Frans de Waal）写道："我们的生存在很大程度上依赖于对方。我们是生活在群体中的灵长类动物的后代，具有高度的相互依赖性。"但很显然，"社会生活的首要前提在于安全。"[20] "一个物种越是脆弱，它的凝聚力就越强。"[21]

不论在何种情况下，合作均已被证明能促成更强的社会凝聚力：儿童的健康获得改善，预期寿命得以提高。在一支运动队中，凝聚力则能使成功的概率成倍增加。[22]

合作带来快乐：因为我们知道参与合作之人将会受益。研究人员表明，合作是一种本能。[23] 当我们思考时，自私才会凸显。我们也善于承担风险：在风险中，我们比黑猩猩更善于协调和沟通，至少当我们还是孩子时便是如此。[24] 这种风险承担来自协调某些互利社会行动的自愿行为。[25] 没有其他动物像我们一样为不影响集体、家庭的"事业"而团结一体。从日本到智利，人们会为在地球另一端遇到麻烦的陌生人挺身而出。

从以上两个学科间探索联系的对话中可见，虽然人类拥有自发地与问题作斗争的能力，但他们同样有能力将问题变成机会。目前，在不低估我们为自己和自然寻找双赢解决方案的合作能力的情况下，向前迈进具有许多优势。对快乐或幸福的向往需要我们了解情绪的可变性，知道如何表达它们、理解它们、观察它们，以便更好地处理我们与他人的关系。这些知识能否帮助我们重新建立起与自然的联系？或者，自然界能否让我们更好地理解各种情绪？接下来，城市将成为我们的探讨对象，它体现了我们对生物多样性价值的低估，而后者则对人类福祉产生重要影响。

第二部分

城市：唤醒我们
对自然的需求

2^E PARTIE

LA VILLE :

RÉVÉLATRICE DE NOTRE BESOIN DE NATURE

第一章　正向电波过滤器

我们来自城市。

我们逃离城市。

我们在城市里消失。

城市在律动。

光明之城。

石头、混凝土和钢铁的城市。

河流和小溪的城市，公园和花园的城市，低墙的城市，空隙的城市，空洞的城市，地下通道的城市。

文化与自然之间的城市，

人类或非人类的城市？

自新石器时代以来，城市就是我们的历史。[1]6,000年来，它一直按照我们的形象演变。它即我们。阳光、雨水、狂风、热浪、石化的霜冻、洪水、沙尘暴、带着我们走向夏季的甜美的春水，城市和未开发的土地一样都受到地球上各种物理现象的影响。

岩石会被侵蚀，房子也是如此。

一所房子就像一块石头，光滑的、粗糙的、有裂纹的、有洞的。地衣、细菌、苔藓、生命可以扎根于它的表面。在缝隙中，投机取巧的种子发芽，植物扎根其中，开花结果，唤来昆虫，散播种子，使啮齿动物的眼睛发亮，而被种子喂饱的啮齿动物又填饱了狐狸或猫头鹰的肚子……

城市像沙漠或高山一样呼唤生命。黄龙胆在阿尔卑斯山阳光充足的草坡上茁壮成长。木质报春花定居在古老而轻盈的树林的阴影下。墙草生长在墙壁和矮墙上，自古以来，它们长在我们的城镇和村庄里，扎根于干燥之地，知足常乐，叶子亦能在暗处生长。但它并非唯一适应人工建筑的植物，尽管此类"冒险家"并不多见。

城市当然也为野生物种提供了居住环境，但人类对其关注甚少，甚至直到 20 世纪末仍在与之对抗，城市也曾是"环境研究领域的终点"。[2] 据《美国科学家》杂志 2000 年[3] 的报道显示，只有 0.4％发表在著名科学生态学杂志上的文章涉及城市物种。该报道不乏谴责意味。城市繁殖力惊人地在土地上膨胀。高架桥、黄白相间的柏油路面、带有铁轨的桥梁、金属栏杆及带有电线的塔吊设备促使城市不断扩张。城市是野生世界的敌人。

如何反驳？法国向《生物多样性公约》（CBD）提交

的第五次报告指出，"自然栖息地的破碎化正在快速发展，人工化的区域日益增多，并在 2012 年占据法国本土领土的 9.1％"。[4]

碎片化与人工化均为技术性词汇。人类改造自然。法国每年共有 67,000 公顷建筑物吞噬土地。这意味着 67,000 公顷的吸水土壤被改造成不透水的板块，水在上面流淌，太阳光线被反射，也相当于每年有 95,000 个足球场的面积被侵占。

一块足球场就是一片土壤，其优势也在于对地下生命的容纳。

✱
把这块地隐藏起来

城市改变了我们对土地的看法。雨雪中行走的人多了，行进也会变得难上加难，这道理无须科学研究也能明白。人类试图将自己与土地隔离开来。

建筑物中断了循环利用的过程：水无法被过滤，死亡的物质也无法堆积。什么在房屋下的地里存活？据我所知，没有人去研究这部分的环境。道路、人行道、停车场的地表下也表现出相同的情况。地面是行走的空间，只有在第一次世界大战的战壕或墨西哥和美国边境的洞穴里的人才经历过悲惨的地下生活。人类更喜欢物理分离，土地并非其所处的生存环境。

伴随蒸汽机进入西方生活以及煤炭的使用，城市变得更密集、更黑暗，也更窒息。但正如历史学家弗朗索瓦·贾里奇（François Jarrige）所解释的那样，城市人口在许多方面仍与农村人口保持着联系。"工人和农民的界限仍值得讨论。19世纪初，许多城市工匠在农村拥有土地或至少拥有家庭关系，许多工人在原工业背景下也是农民"。这些城市人的感受如何？该问题对历史学家而言仍然是一个谜，他指出，"在新工业城市受剥削的无产者与一年中部分时间在农村度过的贵族阶层之间存在巨大差距"。显然，城市的发展对许多人而言意味着一种冲击，他们的感受非常强烈，使对城市的大规模排斥成为常态。法国农村人口长期抵抗着人口外流，他们试图留在乡下，但最终人口压力以及来自城市的灯光宣传最终将其推往城市"。

直到1931年，法国城市居民数量才超过农村居民数量。与法国不同，英国通过18世纪中期的工业革命早早实现了城市化。1931年，沥青被广泛使用。19世纪中期开发的技术得到发展，汽车行业的兴起促使其改进速度不断加快。道路和人行道数量不断增加，尽管这是以牺牲可呼吸的土壤为代价。我们快接近临界点了。

*

什么在我们的住处安家？

在浏览过上面这幅城市化加速的图景后，让我们观察一下城市的野性。

针对城市野生植物生态的研究始于21世纪00年代。在科学研究方面，对人行道、夹层和荒地植物的兴趣仍显得创新性十足。19世纪，针对法国城市中的野生植物群的研究曾经历过辉煌时刻，但"珍稀植物"[5]仍是植物学家青睐有加的对象。

自1995年以来，科学家们就是否有必要为"野生动物"开辟新路线而争论不休。它们可以沿着这些路线从一个物种"丰富"的地区转移到另一个地区。由于道路增多与城市扩大，景观正在被肢解，自然界被改造成相互隔绝的岛屿。我们试图将其联系起来——这已成为热门话题。[6]尤其考虑到气候变化正改变着上述情况，生态学家关心物种能否迁移到更适宜生存的地方。但城市会作出何种举动？地图上的大黑点可能做出什么行为？物种能否在其间移动？什么是移动的前提？物种必须绕过城市吗？城市是否意味着不可逾越的边界？群集的人类影响着全世界的哺乳动物，后者移动的数量只有原来的一半。[7]

生态走廊或野生动物的路线均暗示着一个全新的研究领域：人的环境，亦即城市环境。针对植物、鸟类等的研究工作已蓬勃开展。人们很快意识到一种全球性现象——同质化[8]正在发生。

*

远离土地和自然的生活会对人类产生什么影响？

早在所有关于城市野生动物的研究之前，昆虫学家罗伯特·派尔（Robert Pyle）是第一个谈论城市人"经验灭绝"的人。[9] 早在 1993 年，他认为与自然的接触对塑造我们与自然的情感亲密关系至关重要。该想法随后被美国记者理查德·卢夫（Richard Louv）采纳，经《森林中的最后一个孩子》（Last Child in the Woods）[10] 的畅销而广泛传播。城市孩子不再借助树枝和高草来组织冒险或上演想象故事，其建构自身的方式与自然严重脱节，他们所想象的世界也不再与探险、不幸或小小的"野生"快乐相关。

我们意识到城市人并不认识与他们共处的野生和当地物种。在智利，城市种植的大部分树木来自欧洲、北美和亚洲。若要求居民说出三种树木的名字，超过 75％的受访者会说出苹果树和棕榈树等外来物种的名字。[11]

儿童更容易识别非本国的物种。假如向孩子展示一只巨嘴鸟和一只法国黑鸟，几乎一半的孩子会认出巨嘴鸟。只有四分之一的人能说出黑鸟的名字，尽管它在城市的屋顶和公园内非常常见。他们也更希望保护从未见过的外来物种，如鲸鱼和大型猫科动物。[12] 这一情况并不仅仅涉及法国儿童。其他欧洲国家、摩洛哥、尼泊尔和土耳其的孩子也有同样的感受。为什么？研究人员称，涉及此类物种的媒体信息的同质性影响了儿童的感受与判断，而并非因为缺乏学习能力或记忆。孩子们能辨别493种神奇宝贝的"物种"，这比被列为全球优先保护的动植物数量高出三倍。

孩子们也不再外出。2009年，在接受调查的成年人中，有一半对英国自然环境的访问频率是每周一次或两次，但只有20％的儿童外出散步。在美国，一半的儿童不参与任何户外活动，即使参与，他们花在户外的时间也越来越少。1997年至2003年期间，宝贵的户外活动时间减少了10分钟。大型国家公园的访问量也在稳步下降。至于发现昆虫——是的，就是观察或抓蚂蚁、瓢虫、昆虫的乐趣——一些日本人对此完全没有经验，而此类经验的匮乏在十年中翻了一番。即使是爬树——对孩子而言，这是冒险的最高境界——也已成为罕见经历！[13]

这是花在各种屏幕前的时间以及城市化造成的结果吗？可能吧。法国孩子每天在虚拟图像前度过的时间超过4小时，远超过科学建议的2小时。

虚拟自然取代了自然体验。这正是史蒂文·斯皮尔伯格在其故事片《头号玩家》（*Ready Player One*）中所描述的世界。[14]

✱

失忆症

当人们处在"真实"世界当中的情况减少后，真实世界也不再令人向往。英国人的常态被混凝土与物体包围。[15] 在 1,023 名城市居民中，超过 30％的人无法在工作场所看见绿色景观，18％的人居住在毫无绿色景观的空间内。面对这一明显的与自然疏远的物理距离，我们是否低估了"绿色"对快乐的影响力？

经验果真会完全消失吗？国家自然历史博物馆的保护心理学研究员安妮-卡罗琳·普雷沃（Anne-Caroline Prévot）对此深信不疑："我们处于一段'一代人的环境失忆症'时期。"

沃尔特·迪斯尼动画片设计者似乎已证实其假设。[16]20 世纪 40 年代，80％的户外场景至少有一棵树或某类植物存在，但 2000 年该比例已下降至 50％。她告诉我："20 世纪 80 年代的某些电影里已杜绝大自然在户外场景中的存在，如《奥利弗和公司》（1988 年）、《阿拉丁》（1992 年）、《圣母院的驼背》（1996 年）、《怪兽和公司》（2001 年）及《料理鼠王》（2007 年）。"

再见了，围绕白雪公主的一众动物！从 1937 年的《白雪公主与七个小矮人》到 2010 年的《长发公主》，动物种类的数量不断减少。

原因并非无法对足够数量的电影进行分析。事实上，她分析了 60 部电影，影片总时长已超过 90 小时。"其涵盖的历史时期也足够久，可以追踪生物多样性在几代人之间的表现与变化，人类与自然的'联系'越来越少。" "极可能是因为人们对自然环境所作心理表述的丰富与准确程度大大降低。"

其验证结果呈现难以挽回的面貌。《白雪公主与七个小矮人》（1937 年）包含 22 个野生物种，《木偶奇遇记》（1940 年）中有 26 种，《花木兰》（1998 年）却只有 6 种，《小鸡》（2004 年）中一种也没有，《坚不可摧》（2004 年）仅剩 1 种。尽管 00 年代的几部电影令平均值有所回升，如《海底总动员》（2003 年）包含 20 个物种，但事实上，沃尔特·迪斯尼动画片设计者对自然的描绘呈现出下降趋势，其描述方式也日益简单化，这揭示了自然经验的消失趋势。上述统计只包括非人物角色，即不说话的动物才会被计算在内。

问题来了：当日本人、伊朗人、拉普兰人、西班牙人、秘鲁人……所玩的电子游戏相同，动画片也在走向全球化，那么童年时期虚拟生物的多样性也有很大可能正在趋向同质化。

✳

城市——忧虑的十字路口

色彩和阳光使生活充满乐趣，但城市常常是灰色的。它有时会在晚上亮起五颜六色、闪烁的广告屏幕，类似纽约的时代广场。闪光并不能抹去日常压力。

城市会影响情绪，城市中的情绪更易变化。据悉，城市地区与情绪有关的心理障碍比农村高出 40％，患有焦虑症的人也多出近 21％。[17] 14 世纪的彼特拉克没能逃脱这一现象："有时是愤怒驱使他，有时是欲望燃烧他，有时是绝望冻结他"。[18] 人类在一个情感多变的地方似乎无法控制情绪。

生活在一个十万居民的大城市或一万居民的城镇或农村会对我们的神经系统产生怎样的影响呢？一个德国-加拿大的科学小组试图探寻我们大脑深处[19] 的变化。实验对象为不存在任何心理问题的人，他们分别生活在大城市、中等规模的城镇或农场。小组成员以科学为尺测量了他们的心率、血压和压力，使其共处同一间磁共振室，要求在有限时间内做心算以测量压力。若习题过于简单，研究人员会适当减少做题时间以增加压力。

在这个诱导压力的阶段，研究人员可以立即看到大

75

脑的某些区域处在活跃状态，如下丘脑和岛状皮层。但更令人惊讶的是，来自大城市的人是唯一受到杏仁核刺激的人。杏仁核是一个与恐惧和焦虑有关的大脑区域。他们还发现扣带回（尤其是近源性 ACC）的激活随人们自青春期（从 15 岁开始）在城市环境中度过的时间而增加。对于一生都生活在城市的人而言，这一特定的大脑区域显示出最高活性。该区域参与调节杏仁核在负面环境中的活动，如在受压力情况下。研究人员没有观察到任何其他与城市化有关的大脑区域"亮起"，也没有其他临床或人口统计学变量可以解释以上结果。他们甚至更换实验对象来重复实验，采用不同的练习施加压力。但总能得到相同的结果：城市生活会刺激杏仁核。当研究无压力情况下执行记忆和视觉识别任务的大脑时，没有一个志愿者的近源性 ACC 区域或杏仁核"亮起"。

生活在大城市更容易开启大脑中警告我们注意危险的区域。除此以外，我们所谓的多巴胺奖励回路，意即让我们感到有动力行动与学习的回路，在城市居民中的平均激活度较低，[20] 这证实了城市环境所产生的压力是精神疾病风险增加的根源。[21]

第二章　抵抗力

一边是城市，另一边是自然。
即使我现在不得不回去，
这种返回也只是另一种离开城市的方式。
　　　　　　　　　　　　——约翰·威廉姆斯[1]

✱
温和的动物

纽约市，五月的一个晴天。在中央公园的池塘边，一位老人走到岸边放下拴着的乌龟。沐浴时间到！再往前走，在岩石间，一个女人给鸟儿和松鼠的天然碗里倒水。一群脖子上挂着双筒望远镜的人观察着停在这个全球重要迁徙十字路口的鸟类。他们遇到一个年轻女子在遛狗，狗爪上裹着防护鞋……野生物种、家养物种、宠物物种，城市是一个具有不确定性的多样联系的十字路口。在数千公里之外，在伟大的亚马孙河的中心，年轻的佐埃人用绳子绑着猴子、鸟儿或猫鼬，将其养在身边。作为濒临灭绝的民族，佐埃人保留了南美洲人留给西方探险家的第一印象。1760 年，西班牙人豪尔赫·胡安（Jorge Juan）和安东尼奥·德·乌洛亚（Antonio de Ulloa）惊讶地发现住在家里的动物被认为是家庭的一员。主人在它们死后悲痛欲绝，就像"他们的儿子"去世了一样。妇女们像照顾自己的孩子一样照顾这些动物。北美洲印第安人的部落生活在麋鹿、狼、熊、浣熊、野牛之中，卖掉或杀死这些动物是一件令人心碎的事。

宾夕法尼亚大学动物伦理学教授詹姆斯·塞尔佩尔（James Serpell）考察了我们与动物的关系的历史渊源：在任何一种文化中，与动物共同生活都是人道的行为。[2]当人们试图禁止它时，如英国从 16 世纪便开始这么做，则是为了将人性置于兽性之上。如今，与动物共同生活是为了填补主人生活中的空白或表达一种过度的奢华。随着时间的推移，与宠物一起生活的人数与日俱增——2017 年，在 22 个不同的国家，每两个人中就有一半以上与动物一起生活——兽医和人类学家伊丽莎白·劳伦斯（Elizabeth Lawrence）想探究是否真的有人不喜欢动物。[3]

统计数字很有说服力：超过 60％ 的阿根廷人拥有一只狗，同样比例的俄罗斯人则拥有一只猫。四分之三的墨西哥人与宠物生活在一起。[4]

欧洲工业革命期间，城市中的动物数量开始增加。法国动物保护协会（SPA）成立于 1845 年。它是在精神病学家的主持下创建的，其创始人之一艾蒂安·帕里斯特（Étienne Pariset）是精神病学的先驱之一。帕里斯特及其同胞皮埃尔·杜蒙·德·蒙特（Pierre Dumont de Monteux）——一位曾揭露马夫虐待马匹丑闻的医生希望"禁止残忍的表现，赞扬温和的态度"，以促进"进步的步伐"。对于精神病学历史学家奥德·福维尔（Aude Fauvel）而言，"法国最早的精神病学理论将对动物的保护视为一种积极因素"[5]。与动物及与更广大的自然产生联系被认为于心理健康有益。没有什么比"看见绿色牧场，呼吸新鲜空气，聆听鸟鸣声"更美好！支持上述理论的医生们"相当赞成人们爱护动物，通过简单的触摸或温和的行为都能舒缓疲惫的心灵"。

19 世纪 60 年代，情况发生了根本性的逆转。精神病的治愈率仍然很低，瓦伦丁·马格南（Valentin Magnan）等知名医生为更好地了解心理因素进行了大量活体解剖。奥德·福维尔指出，仅在 1876 年，欧洲就有 2 万只动物被牺牲。思想与权力的争夺导致人与动物的关系被贬损。对接手巴黎圣安娜医院管理的瓦伦丁·马格南而言，自然界不再是无用，反而变得有害。这一设想对法国科学界产生了广泛影响。对小动物的依恋被认为有损健康，而温和则被视为精神障碍的典型表现。动物的朋友都遭到质疑，首当其冲的是"天性更感性的女性"。[6]

妇女在社会上退回私人领域的同时渴望与宠物为伴，与其亲密相处。[7]16 世纪，女侯爵伊莎贝拉·德·埃斯特（Isabella d'Este）因喜爱宠物而闻名，每次出场必有动物在旁，小狗在身边奔跑和吠叫，令人很难视而不见，"这是夫人到来的标志"。[8]

✳

催产素，媒人

2018 年，与动物的相处对人心理和生理上的益处已得到证实[9]，宠物治疗或动物辅助治疗成为一门不断发展的学科，与病人的年龄无关。[10]驱动力之一是一种荷尔蒙：催产素。这是一种依恋、爱和信任的荷尔蒙，存在于大多数脊椎动物和所有哺乳动物身上。[11]作为社会、爱和父母的"媒人"，催产素对物种生存起着关键作用。事实证明，抚摸狗会使人产生催产素，就像把自己的孩子抱在怀里一样。狗也是如此！当它长时间看着主人眼睛时，催产素会增加 30％。[12]研究人员相信，在驯化狗的过程中，激活依恋荷尔蒙有助于凝视交流的系统发展。催产素会使人和狗建立起积极的相互关系。

＊
对视的需要

在动物园、农场或其他地方，在山上、森林或海洋里，当动物靠近我们时，这个时刻便来临了：凝视对方，观察对方……通过一种非人类的语言接近对方，一种传承自先辈的身体语言。

我们盯着对方的眼睛，阅读传递过来的信息，包括对方的情绪和意图。[13] 这似乎是显而易见的，然而研究人员从 20 世纪 60 年代起才开始研究目光的重要性。它是我们与其他人建立关系的切入点。每个人都有自己的方式。[14] 有些人将重点放在眼睛上，另一些人则放在嘴上，还有一些人则在两者之间来回移动。面对某个人时，我们会用一半以上的时间扫描对方的脸，却不会直视对方的眼睛，我们会扫描对方的情绪……

"你的关注让我微笑。"正常情况下，或者像研究人员所写的那样，客观情况下，目光可以生成关系：它是一个积极信号。[15] 催产素推动我们去看对方的眼睛[16]，通过注意他们散落在眼睛周围的细微线索来解读精神状态。[17] 催产素甚至有能力在压力、争论、愤怒、恐惧、背叛或微笑的面部表情的情况下调节杏仁核[18] 的活动。它与其他神经递质如多巴胺密切相关，人们已清楚地认识到催产素可以调节我们的行为，在社会关系中发挥作用，甚至影响我们的记忆。催产素，来自我们大脑的奖励系统使我们感到快乐，鼓励我们接触并接受他人。[19]

最令人惊讶的是，该项研究源于对哺乳动物体内催产素作用的研究。[20]在对人类进行研究之前，其重要性已为人知晓。我们与动物共享着一种社会化"机制"，这具有普遍性质。当与动物相遇时，我们自然而然地与其对视，不管它们是野生还是家养动物。

✳

直视眼睛

然而，就该问题发表的出版物数量不多。除狗外，文学同样关注动物园中人与动物的关系，这是人与其他生物另一个主要的城市约会点。根据保护心理学家苏珊·克莱顿的说法，参观动物园是一种非常积极的体验：一般来说，我们喜欢动物。而对于那些让一部分人不寒而栗的动物，比如蛇，它们令人着迷。她还指出，参观者会针对动物的想法、与动物的关系或动物的模样作出评论，特别是我们最亲近的表亲："大猩猩看起来像爸爸！"但总的来说，与野生动物的关系比什么都重要，它促成了家庭成员间的某种分享，使人感到快乐。[21]对每个人来说，相遇的力量来自他或她直视动物眼睛的那一刻，

82

无论是老虎、鬣狗还是野狗[22]。在与野生动物有交集的人身上，可以找到一种特殊的超越性。就像丹妮斯（Denise）与虎鲸的相遇："我下到一块水面之上的岩石上。有人曾告诉我，这类常驻的鲸群[①]只以鲑鱼为食。我想，'好吧，如果它带我走，我也会没事。'如果能像这样消失，那就太不可思议了……此时，一只巨大的雄性动物出现了……我感觉到它在看我。它没有把头伸出水面，但它的眼睛就在水面上。"丹妮斯是两位研究人员采访的五位女性之一，她们讲述了自己与鲸的相遇，在紧密和互惠的关联中体验到一种和谐、受尊重、与对方联结的感觉。她们感受到独特而谦逊的时刻：深沉的喜悦。[23]

海洋学家弗朗索瓦·萨拉诺（François Sarano）写道："我们需要大象、抹香鲸、鲸鱼、鲨鱼、大猩猩、熊、狼。我们需要这些笨重的动物。当它们看了你一眼，你会永久地发生改变。你会与世界和谐共处，你会变得十分平和。震撼与喜悦令你无法抑制，你想与爱的人分享。从那一天起，你爱上了所有人。"[24] 显而易见，这是一种普遍的积极关系，会让人情不自禁地发出一声惊叹——"哇"。

让我们回到逛动物园的经历。在备受敬仰的史密森

---

① 作按：鲸群是一群虎鲸。

学会工作的安德鲁·佩卡里克（Andrew Pekarik）提出了一个有趣的理论[25]：被野生动物认可意味着可以进入它的亲密关系，意即被它的世界接受。游客补充道，当他们认为动物给予自己关注时，会感受到更多的正向情绪。[26] 这是否意味着人类需要永久的认可？即使是来自其他生物物种或至少是哺乳动物的认可？我们经常把期望、感受和需求投射到我们的伴侣和孩子身上，芝加哥大学家庭健康中心的名誉教授弗罗玛·沃尔什（Froma Walsh）于 2009 年写道："我们当然也会对我们的动物伙伴做同样的事。"[27]

　　弗朗索瓦·萨拉诺说道："野生生物欢迎我们的存在，却不会质疑我们。"他补充道："宠物数量的爆炸性增长反映了这种与社会关系的缺失和失去对自然的依赖有关的萎靡。"我想补充的是，这种繁殖向我们展示了我们与动物世界的联系有多大，我们有多需要爱。研究人员芭芭拉·弗雷德里克森把爱称为"两个生命相互调和"的微观时刻，即使只是在对话中。[28] 她说道："在这些微妙的时刻，两个生命通过大脑活动和生理反应体验到相同的东西并融为一体。"在动物的目光里，谜团依然存在。我们如何确认它们与我们分享着相同的感受？至少我们知道催产素作用于家狗以及其产生的化学反应是真实的。圈养的金刚鹦鹉还会在照顾者面前脸红[29]，这表明它"对主人持有正向的情感"。[30]

✱

我最好的朋友

一位女士说："我的猫马克思（Max）跟着我经历了两次婚姻、一次离婚和一次丧事，我能一直依赖它。虽然一切似乎都在变化，但动物看到人却总是很高兴，它们表露的是无条件的爱。动物给人留下的深刻印象在于，它需要我们就像我们需要它一样。更重要的是，动物可以听到和看到一切，却不会泄露秘密。它们从不犯错，从不评判。它们就在那里，一会儿玩耍，一会儿逗乐，凭怪异的行为引起人们的好奇心，让我们露出笑容。"

动物的优点让我们有足够的理由埋葬它们，它们值得拥有一个记忆之所，一个与亲人交流的地方。[32] 就狗而言，这种情况已经持续了近一万年，我们在西伯利亚发现了一万年前被埋葬的狗。[33]

宠物公墓纪念牌上的铭文具有启发意义。[34]20 世纪，铭文变得愈加私密。20 世纪 80 年代起，动物成为家庭单位的延伸。加州大学伯克利分校的人种学专家斯坦利·布兰德斯（Stanley Brandes）对 1896 年成立于纽约州北部的哈茨代尔动物公墓进行了专项研究。在其成立之初，埋葬的大多是富人的宠物。其中一只名为金斑（Goldfleck）的小狮子是伊丽莎白·维尔玛·洛沃·帕拉格希（Elisabeth Vilma Lwo-Parlaghy）喜爱的动物，她是一位以肖像画闻名的画家，婚后成为匈牙利公主。随时间的推移，对宠物墓地的需求随日益增长的城市人口而增大。2009年，共有七万只动物被埋葬在哈茨代尔。

"在我们再次见面之前，妈妈，我衷心地祝愿你。"
"我们的第一个孩子和爱情。"

动物不是孩子的代名词，它们是家庭的孩子，有时候是亲爱的朋友。这种现象在法国巴黎附近的阿斯涅尔公墓[35]和莫斯科[36]都可以见到。坟墓上刻有它们的名字、照片、图画和它们的玩具。"子爵，最人性化的猫，也是最惹人疼爱的猫。"人和动物之间不再有任何区别。这种以人的形象来表现动物，将人的品质、反应、行为和情感赋予动物，并将它们看作人的同胞的倾向，被称为"人类中心主义"。现已证明，狗和类人猿一样能把声调与情绪联系起来。[37]2016年，英国林肯大学的丹尼尔·米尔斯（Daniel Mills）教授在接受《每日电讯报》采访时解释道："很多狗主人都提到他们的宠物似乎对家庭成员的情绪很敏感"。[38]这提醒着我们重新认识人的各种信号。对弗罗玛·沃尔什而言，宠物不是拟人化的投射对象。她同意詹姆斯·塞尔佩尔的观点，认为我们需要摆脱这种"理性"观点，即动物"只是一种动物"。主人非常善于辨别它们的情绪。例如，80％以上的狗主人都察觉过自家狗的嫉妒心，又有哪个猫主人没有感觉到过自家猫在生闷气或求关注呢？

✳

狗儿们在玩耍或吵闹，而人们在一旁聊天

照顾一只狗意味着要强迫自己尊重自然的节奏出门锻炼。从长远来看，这是有回报的。据有史以来对狗主人的健康进行的最大规模的研究报告称，养狗的人比独居的人寿命更长，且患心血管疾病的风险更低。[39] 在散步时，你会遇到其他四条腿的朋友。狗在玩耍或争吵，而人在聊天：动物打破了社会隔离。

狗能让我们更接近荒野并尊重大自然吗？保护科学家阿加莎·科莱昂尼（Agathe Colléony）解释道："狗通常被视为'非自然'物种，因为它已被我们驯化。但狗能让我们走出去，去有别于花园和市政公园的地方散步，这些公园总是禁止狗入内，它们会向我们揭露更多人与自然的关系。"她在以色列、法国和英国发起了三项调查，养宠物（狗或猫）的人对生物多样性的了解是否比没有宠物的人更多呢？不一定。"调查显示，养狗的人更常外出，他们会走向更广泛的自然区域。而他们对环境的认知与态度并不强烈。"频繁去公园、花园、森林和两旁长满草和灌木的小路并不会增长对自然的兴趣，"认为自己与大自然相连"，"尤其是因为人们必须带狗出去，

87

外出是为了狗，而不是因为狗主人自己想这么做"。

伊丽莎白·尼斯贝和约翰·泽兰斯基认为我们系统地低估了树木和绿地的好处。狗是让我们走进绿色的驱动力。没有它，我们会对自己说改天再去散步，但有了它，我们不得不去。人最终会在无意识中变得更好。

✳

被动物磁化"如同飞蛾扑火"[40]

遛狗可能会使整个家庭受益，尤其是孩子们。事实上，在西方国家的家庭中，狗或猫的存在至少与一个孩子的存在相关，这一点已被公认。[41] 而专门研究人类发展的研究员盖尔·梅尔森（Gail Melson）却指出，有关宠物陪伴下的儿童发展很少被研究[42]，虽然他们更容易理解它们的语言。动物会直接坦率地表达自己的感受，还能进入孩子们的想象和幻想世界。通过扮演一只小老鼠、一匹奔跑的马、一只狮子或一条龙，他们就能投身于无畏的冒险。孩子与动物形成的关系有助于建立信心、改善情绪并增长同情心。研究人员却指出，孩子与野生动物的关系在很大程度上被忽略了。即使在城市里，小孩也很快发现昆虫——星星点点的蚂蚁和胡蜂、蜜蜂和黄蜂、苍蝇、蜘蛛、鸟类动物，城市池塘边的鸭子和天鹅、鸽子和麻雀。他们发现这些动物时情绪如何呢？丝毫没有受到身边人的影响吗？不论如何，人们的注意力和好奇心被动物所吸引的事实是显而易见的，这对儿童知觉的发展起到了重要作用。孩子们可以很好地区分眼前的生物的不同性质。在上幼儿园的孩子中，有四分之三的人会被一只安静的金毛狗吸引，而对一只毛绒绒的玩具狗则不屑一顾。在同一个实验中，孩子们还有机会接近和抚摸一只墨西哥红膝狼蛛、一只安哥拉兔、一只活鹦鹉和一只毛绒鸟。一半以上的孩子都自发地和鹦鹉聊天；面对兔子，他们一点也不爱说话；面对狼蛛就更不爱说话了。不过狼蛛还是得到了少量的爱抚。因此，每个物种都有自己的存在方式，促使儿童做出不同的反应。[43] 在不到一岁的时候，兔子比有声效的、能发光的玩具更能吸引儿童的目光，即使一只玩具乌龟也无法胜过活兔子。最重要的是，婴儿们在决定爬向动物前下了极大的决心。至于实验期间在场的年轻保育员，婴儿会对她微笑，但并不真正感兴趣。[44] 上述研究及其他研究均表明所有的动物都会刺激概念性思维和认知增长。它们的行为、声音、动作、存在和气味的多样性丰富了儿童熟悉的世界，有助于后者在个人、认知、情感、社会、感知和道德方面的发展。

第三章　窗户与风景的重要性

*

面向风景的房间

　　转头看向窗外，空洞的眼睛迷失在思考中。看向大街，观察路人，想知道天气如何，看向远处或邻居的窗户，鸽子栖息在栏杆上，花蕾露出嫩绿的芯，邻居在晾晒衣服，孩子和猫玩耍，猫同时还在观察鸟，地平线处的乌云隐隐威胁着我们……

　　乐趣在于窗户，一种看向其他地方的可能性，研究员雷切尔·卡普兰（Rachel Kaplan）说道："即使在阴天，窗户关闭着，景色平淡无奇，我们也会选择有窗户的房间。"[1]她和丈夫斯蒂芬·卡普兰（Stephen Kaplan）是研究自然界对人脑内部的狂热活动起镇静作用的先驱。在不知不觉中，窗户为我们开启了使头脑清醒的时刻，让我们从正在执行的任务中短暂解脱。我们所看见的外界事物非常重要。罗杰·乌尔里希在医院的研究表明，一扇可以看见树木的窗户能加速病人的痊愈。[2] 乌尔里希是一名训练有素的研究者，他同时还是卡普兰夫妇的学生。

欧内斯特·莫尔（Ernest Moore）对监狱世界感兴趣。他发现能看见周围田地的囚犯比能通过窗户看见监狱院子的囚犯需要更少的医疗照顾。[3] "面向风景的房间"能产生的效果很多。向着大自然的办公室窗户能促发员工的工作热情，总体而言，他们生病的概率更少，对生活的满意度更高。至于学生们，即使宿舍窗外的树木也能增加他们的注意力。[4]

❋

窗户会产生什么魔力？

温暖、舒适、避风港，窗户增强了避难所的概念。可以观察或看见，却无法接触。就像暴风雨来临的日子，你看向窗外，想象自己能平安无事是多么幸运。咆哮的雷声、席卷而来的风，向风景的窗户让我们看见树木，它们在断断续续的大风下弯曲，从左向右扭曲，充满力量地摇曳与抵抗，它们经历着我们不希望经历的时刻。

在窗户的另一边，危险正在减弱，并转向迷恋。[5] 从窗户往外看也意味着对世界的零碎想法：广阔的空间像

91

照片一样被框住。我们泛滥的想象力在这个美妙的游乐场里设想框架以外的事物。[6] 雷切尔·卡普兰指出，窗户外的树木、灌木、修剪过的草坪和鲜花的景色均有助于提升人们对周围环境的满意度，最重要的是，有助于增强幸福感。前文曾提及自我感觉中的高效感，这种感觉很重要。没有什么比修剪过的草坪更能让人意识到环境得到了控制。[7] 在美国，这种"户外地毯"，正如阿兰·科尔宾（Alain Corbin）在《草的清新》（*Freshness of Grass*）中所指出的[8]，是大量书籍的主题，也同样是社会成功的象征。

眺望窗外本身不算是一项活动，而是一种生活时间。但这种微观时间却鼓励思想脱离它正在进行的行动。研究人员明确表示："它在恢复注意力方面发挥着重要作用。"

卡普兰夫妇提出的注意力恢复理论基于下述事实，我们引导注意力的能力在不断减弱。事实上，它是一种有限的资源。这一假说由诺贝尔奖得主经济学家赫伯特·西蒙（Herbert Simon）于 1978 年提出，他是人工智能的先驱。西蒙写道："在一个注意力稀缺的世界里，信息是一种特别昂贵的奢侈品，它可以将我们的注意力从重要的事情转移到不重要的事情上。"[9]

✱

徘徊的心灵

根据卡普兰的观点[10]，如果在我们的环境中遇到以下四种"感觉"，我们疲劳的注意力则有可能在良好的条件下恢复。第一种是"远离"的感觉。远离需要注意力的心理活动，比如我们反复思索的想法。第二种是着迷。魅力在我们大脑中的激活不用费吹灰之力，它是不由自主的。第三种是一种延展的感觉，即一种启发思考的深远联系。第四种是我们的目标和环境之间的兼容性，它令一切都变得自然与轻巧。

看向外部绿色空间的每一刻都将是精神恢复的时刻。与罗杰·乌尔里希一样，其他建筑师也开始研究窗户与景观的作用。例如伊利诺伊大学的李东英（Dongying Li）与威廉·沙利文（William Sullivan）曾在五所高中展开研究。[11] 21 世纪 10 年代，他们分别测量在没有窗户的教室、能通过窗户看到另一栋建筑的教室及向着绿色景观的教室中学生的生理压力（出汗、体温、心率等）。结果非常明显：在能看到树木的教室里，学生们在休息后集中注意力的能力高出 13％。与没有窗户也无景观的教室的学生相比，前者感受到的压力也略低。窗户外的绿色景观具备"帮助"我们思考的能力。

如果景色发挥着重要作用，那么风景照能否让我们的心灵得到恢复？似乎只有一项研究检验了这一假设。[12] 在这项实验中，共有 30 名学生参与了有关思维和注意力的测试。他们被分为三组，一组在没有窗户的房间，二组在可以看到池塘、树木和草坪的房间，最后一组被安排在一个被窗帘遮住但屏幕上显示的景色与窗户外完全相同的房间。在测试前后，学生们有 5 分钟的等待时间，以便自由思考和观察。在带窗户的房间里，学生们测试后心率的恢复时间明显更快。学生看向真实窗口的时间比在提供相同景观的等离子屏幕前的时间更长。研究人员还指出更为重要的事实在于：当参与者看向窗外的时间较长时，他们的心率比不经常看窗外的参与者心率下降得更快。能看到风景的窗户无疑会对我们的心灵产生重要影响，而且我们更喜欢原作而非复制品。尤其是当我们知道窗户可以打开时，打开的窗户为我们呈现出一种自由的意义，这有益于我们的思想。但我尚未发现任何有关这方面的参考资料。

*

伫立在那里的树

　　自然景观似乎积极扎根于我们身上，像一种原始需求。但为什么是树？只有树才能发挥作用吗？

在城市里，能看到风景的窗户一般也是位置最好的公寓，靠近公园和花园往往代表着富裕的社会阶层，不是每个人都能看到上述景象。雷切尔·卡普兰在研究中指出，"能够看到树木的居民比面对开放空间的居民表现出更大的满意度"。城市中的树木也更为普遍。树木本身就有益处。

但我们仍低估了它。当树木不在场时，我们的行为会有所不同。譬如20世纪90年代的芝加哥被认为是美国当时最贫穷的城市，城市居民约5,700人。4名美国研究人员组成研究小组，分别在64个研究地点拍摄航拍照片，各地点的树木数量并不相同。[13] 之后，他们对接受过沉浸式行为研究培训的居民进行观察，记录了三周内孩子放学后的活动。那段时间孩子们正在玩耍、聊天，还记录了周六的居民活动。九月份的树木长满了枝叶，树底一片阴凉。休闲活动、讨论、聊天、吃零食、各种修修补补都被一一记录下来。研究人员细致描述了孩子们的游戏，这可以帮助研究儿童的发展能力。孩子们扮演着幻想中的角色，模仿日常生活中的"你是爸爸，我是妈妈"；进行身体对抗的游戏，抑或是玩洋娃娃、小汽车或其他对他们有吸引力的物品。他们仔细观察了262名3至12岁的儿童，发现四分之三在玩耍，其余四分之一在聊天或一个人待着。在有树或没树的院子里，都能发现这四分之一的孩子的踪影。而在树旁玩耍的孩子数是在没有树的院子里玩耍的孩子数的两倍。他们在树旁玩的游戏比在光秃秃的地方玩的游戏更富创意。此外，在有树的地方，孩子们可以接触到更多的成年人。研究人员得出了结论：树木可以改善儿童的认知与社会发展能力。

这项研究的局限性在于它是局部的，且只证明了相关性。从没有绿色植物的家搬到被植被包围的家的孩子在注意力方面明显取得进步，这又如何解释？南希·威尔斯对曾经处境不利的儿童进行跟踪研究，她发现大自然的力量能够抚平曾经的不利因素。她对 17 名儿童搬家前的生活空间进行了描绘，如浴室、卧室、厨房……一年后，家周围绿化最多的孩子和搬到绿化较好的地方的孩子在注意力测试中取得的进步最大。而造成这一结果的原因并不在于新住宅的生活条件，如生活区的扩大：研究人员在统计时已将其考虑在内。[14]

✳

天然镇静剂

研究人员已对芝加哥住宅区进行了多项研究。有趣的是，树木可以降低心怀不轨者的欲望，在有树木的地方，敲诈勒索、盗窃和人身攻击减少了 50%，这一结果与流行观点（认为树木是侵略者完美的藏身之处），正相反[15]，树木起到了调节作用，它们是一种天然的镇静剂，尤其在大型住宅区，多由女性组成的单亲家庭在那挣扎度日。

在巴尔的摩市（Baltimore），一项基于激光雷达（光探测和测距）技术观察植被的研究表明树冠增加10%，犯罪率会降低10%左右。[16] 而对于公共场所的研究结果更引人注目，犯罪率减少了一半。虽仍只是一种相关性，但旨在创造居民间联系的城市植树行动仍在开展，城市将于2037年前实现40%的绿化覆盖率。[17]

树木的恢复作用有助于减少精神疲劳。后者源于家庭生活的必要日常组织与计划。我们的确喜欢效率，但当我们感到不堪重负时，也会感到不安。

另一个芝加哥社区的攻击性行为是2000年美国全国平均水平的四分之一，一些妇女所住的楼房旁边种植着1960年代栽下的树木，她们自觉自己对亲人的愤怒有所平息。[18] 这与压力、情绪或社会融合无关，而与注意力有关。面对绿色时，精神上的疲劳程度会变得较低。而日常忧虑、单亲家庭、账单和未支付的费用对处于不稳定状态的妇女来说是相当大的精神负担。行道树也发挥着有益作用。孩子或遛狗等人或活动令对话变得更为容易。我们会对老树说些什么，有些是几千年的老树，如比利时的李尔努橡树、西班牙马略卡岛的帕尔马橄榄树，它们伫立在广场中央，我们从路人和居民的眼中可以看到惊叹和自豪。树木通过创造正向情绪[19]能够营造一种集体归属感，一种对集体地方历史的社区认同感。[20]研究人员指明，树木为我们的社会资本作出了贡献。[21]

✳

单调的行道树

我们的注意力是否会被照片上种植或未种植行道树的街道所影响？台湾大学的林英轩（Ying-Hsuan Lin）和同事将138名学生分成4组，其中一部分人被要求观看5张包含人行道、建筑物和车辆的普通街道照片，每张的观看时长为20秒。其他人观看的是相同的照片，但每隔20秒，就会有3张其他照片连续出现，时间持续30毫秒。在观看街景环节前后，学生们被安排参与记忆游戏，比如倒序重复一串数字。哪些学生的表现最好？当然是那些沐浴在绿树成荫的街道的闪光中的人。而被100%的人造街道"闪"过的学生甚至在练习中表现出退步的趋势！

观看街道上的树木，即使观看时长仅有几毫秒，也能帮助恢复注意力。

其他人则被置于压力之下：他们必须准备3或5分钟的公开演讲，或在没有纸笔或计算器的情况下在两个人和一台录像机面前进行减法运算。其后，利用虚拟现

98

实头盔令学生在一条种植行道树的街道上沉浸式体验 6 分钟，不同街道两旁的树木数量不同。研究人员试图研究"剂量"效应，即通过树木数量的变化达到不同效果。[22] 若街道两旁植被的覆盖率达到 60%，学生的压力恢复情况比街道只有 2% 的植被时要好 60%。而研究人员就测试对象在虚拟现实经历的沉浸体验得出如下结论：当树木密度达到 36% 时，90% 的人会感觉压力较小，而当街道上只有 2% 的绿色植物时，仅有一半的人感觉较好。上述实验证实了现实生活中的观察结果。

*

每棵树都重要

树木能对我们的"幸福"产生强大影响，人们为此可以减少抗抑郁药的药量。这一结论至少在伦敦是行得通的。研究人员将该市 31 个区的树木密度与抗抑郁药处方的数量进行关联比较——这类数据在英国可以获得。[23] 他们发现，当附近的树木越少，伦敦人柜子里的药品就越多！树木越多，医生开出的处方就越少。头发甚至可以成为我们的"绿色指标"。皮质醇反映了我们的压力状态，生活中与植物接触较少的人拥有更丰富的头发皮质醇含量。[24]

一位在俄勒冈州林业研究站工作的美国经济学家杰

弗里·多诺万（Geoffrey Donovan）对美国底特律地区数百万棵白蜡树的消失产生了兴趣。[25] 自 2002 年起，白蜡树在一种从东南亚进口的寄生虫的攻击下逐渐死亡，城市小路和森林被灰暗的木头尸体包围。杰弗里·多诺万和同事坚信树木死亡对人类健康造成了影响，并着手研究从 20 世纪 90 年代到 2009 年心血管和呼吸系统疾病的死亡率。这些疾病确实与压力、缺乏体育锻炼、空气质量差相关：相关地点通常没有种植多少树木。在不深入研究统计模型细节的情况下，白蜡虫（昆虫专名）在未受影响地区的蔓延似乎与下述现象有关：每 10 万名成年人中每年因呼吸系统疾病导致死亡的人数增加了 6.8 人，因心血管问题导致死亡的人数增加了 16.7 人。这意味着 2002 年至 2007 年期间的死亡人数 21,193 人已超过正常水平，特别是中等收入人群的死亡人数。对研究人员而言，过多的新闻宣传使昆虫入侵和树木过早死亡的现象成为头条新闻，这进一步引发了焦虑。也许应该补充的是，这些年份也与全球范围内平均气温上升的年份相对应。但研究人员还未对此进行研究。另一方面，针对 2003 年热浪期间巴黎老人的死亡率研究[26] 表明，20 年纪的人群尤其容易受到夜间高温的影响。公园附近的夜间温度明显下降：植被指数增加 5％意味着温度下降 1℃。1868 年，巴黎的温度比周围乡村高 1℃；2003 年，巴黎温度比周围乡村高 10℃。[27]

无论如何，此项研究得到重视，英国为此计划种植了大量树木。在 2011 年至 2015 年间，超过 100 万棵木本植物被种植在城市和郊区，其中一半以上的树木被种植在最贫困的地区。美国纽约也已通过了"百万棵树"的绿色计划。

✱

"如果腿不动，思想就无法启程"[28]

我们打开门窗向街道走去。在公园或花园里，我们来到几棵树下，被花草和灌木丛包围，这又如何呢？种植在灰暗中的"自然"岛屿似乎是恢复精神的最佳秘方。但如何才能证明这一点？公园的出现促进了跑步、骑自行车、踢足球等运动方式加入居民的生活，进而有助于锻炼身体。[29] 运动的目的在于使身体和心灵变得更好。但在健身房运动无法像在公园里运动一样给人们带来如此多的正向情绪。[30]

研究人员把重点放在一种人人都能参与的普遍运动——步行上。

医学上已经存在许多关于步行益处的研究，如环境心理学、心脏病学、运动医学等。步行可以减少焦虑，改善情绪与认知功能[31]，甚至可以提高生活质量。[32] 大自然也为我们提供了相同的效果。研究人员着手比较城市步行和乡村步行间的区别。在斯坦福大学附近进行的一个实验中，学生们步行走过典型的加州植被，如橡树和草地，途中可以看到各种鸟类动物、松鼠与鹿。[33] 其他学生则不得不沿着帕洛阿尔托附近的一条繁忙的三车或四车道公路行走。每位参与者被要求步行 90 分钟，并拍摄 10 张在步行过程中引起他们注意的照片。研究人员对我们脑海中兜兜转转的想法感兴趣，比如没完没了地思考负面情绪的原因和后果。住在城市的参与者并无精神或身体健康问题，他们填写了一份关于散步前后思想状态的调查问卷。但研究人员的观察更为细致，集中研究大脑中与反复思考相关的特定区域在散步前后是否被更多或更少地激活。事实证明，在树木和草地间散步会令人反复思考的行为明显减少，这一事实可以在大脑活动中被监测到。在城市中行走则完全没有产生相关影响。由此可知，城市会提高抑郁症的发生概率，它无法让我们远离没完没了的无意义思考。值得注意的是，在树间行走能明显改善抑郁者患者的情绪和记忆。[34]

研究表明绿地能对健康产生有益影响。[35] 事实上，这正是绿地附近的房子如此抢手的原因。

在之前的实验中，参与者们被要求步行 90 分钟。但是否需要走一个半小时才能看到反复思考的活性下降？澳大利亚研究人员提出如下假设：若城市的所有居民每周至少在绿地上步行 30 分钟以上，则可以降低 7％的抑郁症病例和 9％ 的高血压病例。[36] 而大自然对个人的影响则取决于多种因素：树木的数量与种类、我们从窗外能否看见"绿意"、我们的生活史与文化等。[37]

可以肯定的是，公园与花园在人际关系交往上提供了与树木相同的好处。比如生活在城市公园附近的人的孤独感更低。对老年人而言，远离孤立无援的感受十分重要。社会隔离无疑是某种风险因素。[38] 最近一项在迈阿密对 249,405 名 65 岁以上的健康护理对象进行的研究表明，住在公园附近的人抑郁程度较低，受阿尔茨海默病影响的程度也较少。[39] 在低收入退休人员中，社区内超过平均水平的绿化能使抑郁症风险降低 37％。最近一项关于丹麦儿童的研究表明，绿色空间的缺乏是造成精神分裂症的风险因素之一。[40]

除对健康和精神产生影响外，城市公园和花园在炎热的天气里也可以起到减缓温度上升的作用。以伦敦为例，公园与花园令温度降低了 7℃。它们吸收暴雨中的水汽，改善空气质量，减少空气中的碳含量，还削弱了繁忙生活产生的噪声。[41]

声音净化器

噪声问题是我们接下来谈论的对象。虽然关于鲸鱼和鸟类的声音录音让许多人会心一笑，借此讽刺新世代文化，但事实上，自然的声音可以激活我们的副交感神经系统[42]，并对免疫系统产生影响。[43] 与自然噪声相反的是，城市噪声成为一种慢性病，令人陷入紧张情绪并难以入睡，对情绪和注意力造成成倍影响，甚至造成心脏病发作风险增加和血压升高等生理影响。[44]

滚动声和咔嚓声，柔和而有规律的拍打声，河水按照自己的节奏流淌，令我们回归平静。风抚摸着树梢，就像海洋一般让我们的思绪飘飘然。至于鸟类，只需想起某个春天的夜晚在烟囱顶上歌唱的黑鸟，便足以令人体会旋律的精妙。2017 年的一篇参考文章[45]列出了所有感官与自然的联系，据文章可知，我们无法欣赏城市的引擎声和噪声，而更青睐自然的声音。公园与花园可以起到声音净化器的作用，尽管它们无法与乡村绿洲相提并论，但仍发挥着重要作用。聆听鸟鸣能有效提高从压力中恢复的速度。正如树木一般，自然的声音可以提高我们对他人的容忍度，有助于体会自由和孤独。而一个完全无声的环境则是沉闷恐惧的代名词，比如一条无人的街道、一间停车场、通道里一串响亮的脚步声……沉默在动物世界中也被视为危险情况的提示，意味着将要逃脱捕食者的注意或预示即将发生的危险。

历史学家阿兰·科尔宾（Alain Corbin）在《草的清新》（*La Fraîcheur de l'herbe*）中写道："观察草地，感

受自己的双脚陷入其中，体验草地的坚实、气味、呼吸，倾听它的声音，欣赏它的沉默，草地将成为我们所偏好的遐想之地。"[46] 但我们谈论的是何种沉默？历史学家在《沉默的历史》（*Histoire du silence*）[47] 中解释道："大自然的沉默"具有多重面向，人们在其中听到了自己的灵魂与记忆。倾听鸟儿与昆虫的飞行让我们意识到自身的缺席，这本身也是一种沉默。自 2000 年以来，记录自然界声音的技术取得了巨大进步，新类型的生态学家出现在实验室里：生物声学家、声景追踪者[48] 等，声音景观正在成为新的生态指标。[49] 其中一个基本问题在于声学环境如何影响周围生物的行为。以人类为例，保拉·莫斯科索（Paola Moscoso）与同事就森林中的声音对正面或负面情绪造成的影响进行研究，其中所包含的声音来源有机械、自然及社会互动等三种。在森林中，快乐、恐惧、悲伤、宁静及较小程度的烦躁都强烈存在，而在城市中的自然声音主要留给人的是宁静的印象。[50]

美国研究人员戈登·汉普顿（Gordon Hempton）在世界各地寻找没有人类声音的地方并致力保障美国"最安静"的地方永远保持这一状态——实质上这意味着最多样化的自然声音——奥林匹克国家公园"一平方英寸的沉默"。伯尼·克劳斯（Bernie Krause）是一位拥有超过 5,000 小时近 15,000 种动物录音的先驱者，一生都专注于录制动物声音的他在反复聆听录音后表示近一半的声音已退化甚至消亡……

"真正的沉默"[51] 在窥视着我们。

❋

鼻孔动了

阿兰·科尔宾让我们去闻一闻草地的气息，夏季松树林里短暂的挥发性精华像丝带一样飘浮在空中的味道，新割的绿草地与小路上干稻草的气味，还有夜幕降临时，恢复了生机的野草与浅色橡木林的气味……由腐烂树叶堆积成的腐殖质是丰饶厚土的代名词。即使在城市里，第一滴落在炎热夏季柏油路上的雨滴也会使人的鼻孔突然骚动起来。你知道生物才是上述气味的来源吗？

每一滴落到地面的水都会向空气送出大量气泡，其中包含地面微生物和许多其他分子[52]，比如细菌产生的地黄素以及植物在干旱期产生的油类——石炭酸。[53] 它们被封闭在气泡中然后扩散到大气里，从而可被远距离运送。研究人员表明，一滴水可以携带几千个细菌！细菌的数量取决于土壤的类型和温度，后者的理想范围介于 20 至 40℃[54] 之间。

空气是生命的海洋。

嗅觉和记忆相通。[55] 据说我们 16％的自传性记忆是由气味决定的。在研究气味心理作用的雷切尔·赫兹

（Rachel Herz）看来，唤起积极自传体记忆的气味有可能增加正向情绪并减少坏情绪和压力等生理迹象，原因之一在于此类记忆构建于更多的情感之上。我们的嗅觉通路在大脑中与情绪和学习过程的通路直接相连。闻到与记忆相关的气味甚至可以减少我们体内的炎症分子数量，而这些炎症分子正是许多疾病的始作俑者。

研究人员已经证实花香有助于改善情绪，可以使人平静或产生警觉。蜂蜡和顺-3-己烯-1-醇与幸福[56] 有关，后者闻起来像割过的草。在雷切尔·赫兹看来，有关气味的感知是可变的，这取决于我们过去的经验，而这些经验又与人类文化差异有关。人在一天中对气味的敏感性也会产生波动，通常情况下在下午达到高峰。这意味着如果我们想知道自然气味是如何影响我们的，就需要在受控实验中谨慎行事。然而大多数科学性质的文章并未具体谈及上述限制。

可以肯定的是，目前儿童对自然体验的消亡影响了他们对气味的体验，因为气味记忆主要是在 10 岁之前形成的。[57] 很明显，他们在城市公园和花园的经历以及相关的气味将成为成年后记忆的切入点。

✻

物种愈多，感觉愈佳

如我们所见，许多心理学研究涉及城市的自然问题，比如树木、绿地、花园种类、森林、菜园、草坪中的小径……上述词语均借由其他物种描述环境，却未曾考虑到其中的多样性。西蒙先生是我的邻居，他的花园里长着一棵枫树。西尔维夫人住在我的左侧，正在照看一株樱桃树。夏天，黑鸟、鸽子和椋鸟在果树的树枝上安家。至于那棵枫树，它在秋天照亮了西蒙先生的花园。一棵枫树和一棵樱桃树会对我们的心理健康产生影响吗？物种的混合能否对精神的恢复产生效果呢？

第一项研究可以追溯到 2007 年。[58] 研究人员在英国谢菲尔德市中心到郊区之间画了一条假想线，并沿着这条线对所有大于一公顷的绿地进行采样。他们共找到 15 个样本。在这 15 个公园里，研究人员变身生态学家和自然学家：计算不同草木的数量及 6—8 月间蝴蝶和鸟类的数目。与此同时，研究人员对三百多人进行采访："你认为公园里存在多少种植物、蝴蝶和鸟类？"并进行心理健康问卷调查。令人惊讶的是，公园游客对植物多样性的感知十分敏锐，对草地、灌木丛、草地、花坛及成群的树木构成的栖息地尤其如此。此外，他们对公园鸟类的物种数量也有很好的感知。而针对蝴蝶的调查却与现实完全不同。在一些蝴蝶资源丰富的公园，蝴蝶留给人们的印象是数量不丰富，而在另一些公园则情况相反。

研究人员发现，植物物种的丰富程度与幸福感指标之间存在良好的正相关关系。公园里不同种类的植物越多，人们越认为自己的精神能够得到恢复。然而，在另一项沿着谢菲尔德的河流进行的研究中，研究人员表明，人们在散步时没有感知到物种的丰富性。[59] 那么，感知到的生物多样性令人感觉良好的说法则与现实不符。

城市生态学研究员阿萨夫·施瓦茨（Assaf Shwartz）想知道[60] 公园游客是否会留意到他们常去的公园发生的变化，如鸟类、昆虫与植物数量的增多。因此，阿萨夫·施瓦茨在巴黎的几个小公园里安装了鸟箱和昆虫箱并播种混合的产蜜草，如琉璃苣。好消息是他成功使公园内的动植物数量增多：蝴蝶数量增加了三倍，传粉者数量增加了一倍，鸟类数量增加了25％。但不幸的是，公园游客并未留意到这一点，尽管他们在调查问卷中表示希望看到更多的物种。阿萨夫·施瓦茨指出，大多数参与者低估了公园内的物种数量，"几乎所有的人都把花卉的丰富程度低估了一半"。近四分之一的游客甚至认为只有一种植物！这完全不可能。最近的一项研究[61] 表明，人们感知到的物种丰富度与植被的高度和颜色相关。

但归根结底，若人们对不同物种的存在一无所知，也对其并无兴趣，又怎会留意到它们？我们走在大街上，并不会系统估计街道两旁停放的不同品牌汽车的数量。阿萨夫·施瓦茨还补充道，人们去公园的目的不在于欣赏自然，而在于放松精神并为孩子提供游乐的场所。问题还在于人类如何看待生物世界的多样性。

其他研究人员已对人们感知到的鸟类多样性进行过调查。[62] 通过让参与者聆听不同鸟类长短不一的鸣叫声，研究人员得出如下结论：参与人员十分乐意聆听多变的鸟鸣声。结论不仅如此，参与者均为环境科学专业的学生，他们更倾向于聆听同类物种的不同鸣叫声的组合。事实上，参与的学生对一首由七种鸟类的鸣叫组成的交响乐的评价与由若干只柳莺鸟的鸣叫组成的交响乐的评价不相上下，后者的鸣叫声长短不一。这表明人的感知既取决于不同物种的数量，也取决于物种的丰富程度。

在另一项实验中[63]，研究人员通过比较参与者面对 3 张不同照片（楼前种植较多树木的大楼照片、楼前种植较少树木的大楼照片及楼前种植灌木的大楼照片）和聆听不同鸟鸣声的组合所作出的反应证明了如下事实：平均而言，当照片与不同鸟鸣声组合呈现在参与者面前时，尤其当参与者听到蓝山雀、大山雀、大斑啄木鸟、树鹨、黑鸟、知更鸟及黑鸟的鸣叫时，其感知效果更佳。研究人员由此得出结论，即使城市居民未能准确识别鸟鸣来自何种鸟类，但鸟鸣声无疑会对绿色空间的积极价值作出贡献。

对于懂得辨别鸟鸣的读者而言，相信你们一定不会错过这些悠扬的歌声。但普遍的情况并非如此。[64] 尽管一些鸟类在欧洲的公园和花园很常见，但人们不一定能听辨它们的鸣叫声。

✳

自然的匮乏？

城市的优势在于将人类集中在自然之外，即乡村与森林之外。只需让人沉浸其中，就可以研究生态系统的影响。2010 年来自日本的一项研究[65] 表明，在森林度过 3 天（在林中待 2 晚），会使免疫细胞的活性明显增加，其活性状态可以维持一个月之久。研究人员还测量了尿液排出的肾上腺素（压力激素）数量。很明显，随着在森林中度过的时间增加，尿液排出的肾上腺素数量明显减少。值得注意的是，免疫细胞可以与癌细胞对抗。对研究人员而言，森林——在此实验中，森林中的主要树木为日本橡树、山毛榉与雪松——对人类疾病的免疫预防可以起到关键作用。此后，发起该项实验的日本医生李青（Qing Li）一直在倡导与"森林浴"[66] 有关的活动。

在美国研究员郭明（Ming Kuo）看来，大自然除了对人的心理起重要作用外，与自然相关的累积效应也对我们的健康有重要意义。[67]她认为，人类可以建设有益于自身健康的空间。

在她看来，动物园中的动物只有生活在与自然栖息地相近的空间才能存活，若只是为了让人类更清楚地观赏动物而将其圈禁在笼子里，则会导致相反的结果。我们真的想要生活在土地之外吗？

人类在混凝土的中心投入全部努力创造了一个理想生活场所，一个花园式的、干净整洁的空间，但我们忘记了一个关键点：我们是与其他物种有联系的生命体，后者有利于我们从人造城市的压力中恢复精神。我们完全低估了树林、草地、林间小路、开花的草地、高高低低的树篱、修剪过的和自由伸展的树木、池塘和水塘、牲畜的强烈气味、蘑菇、腐殖质、闪亮色彩的重要作用。

下一章我们将关注的内容是，当我们决定不再低估大自然的重要作用时，我们该怎样获得更多幸福感。

第三部分

与自然幸福共处可以
拯救我们吗？

3^E PARTIE

ÊTRE PLUS HEUREUX DANS LA NATURE

PEUT-IL NOUS SAUVER? ET LA NATURE AVEC?

第一章　更幸福地创造共同的历史

我将希望植根于心灵的土壤。

——安德里·切迪德[1]（Andrée Chedid）

✳

我们的历史揭示着我们的心理

历史学家尤瓦尔·诺亚·哈拉里（Yuval Noah Harari）的第二部作品《未来简史》（*Homo deus*）[2]向我们展示了基于共同信仰全人类的非凡合作。我们已经朝着合作世界的方向发展，战争也正在减少。该观点与史蒂芬·平克的论述相仿，后者写道："我们很可能生活在人类诞生以来最和平的时代。"[3]对历史学家而言，学习过去的经验可以帮助我们承担未来的责任并为之努力，而在心理学家看来，这取决于我们身上不同的"天使"。在《世界报》的一篇文章中，这位心理学家向记者马克-

奥利维尔·贝勒（Marc-Olivier Bherer）解释道：这些"天使"是"同情心、自制力、道德感和理性，它们促使我们把暴力视作一个问题，并制定解决方案从而减少暴力"。[4]

两位学者的言论为我们传递了一个好消息，一个充满希望的信息，即人类有能力向更和平的共存方向发展。自第二次世界大战以来，史蒂芬·平克注意到权利的真正演变，"公民权利、妇女权利、儿童权利、同性恋者权利、动物权利"。[5]对研究者而言，"历史与我们的心理息息相关"[6]，平克指出，"在不同的时空，和平的社会也往往更富裕、更健康、人均受教育程度更高、治理更完善、更尊重妇女、更有可能从事贸易"。[7]从生态学角度看，2005年出版的《千年生态系统评估》[8]在全球范围内针对自然资源展开研究，也展现了人类在同一时期内所获得的福祉。研究所提到的"福祉"包括基本生活所需（食物、衣服、住所、物资）、可饮用的水、可呼吸的空气、可能建立的良好社会关系、安全与保障以及个人选择和行动的自由。

显而易见的是，在"感觉良好"的物质社会中，生态系统却在持续退化，物种以前所未有的速度消失，这一事实已威胁到人类的未来。[9]

于是问题产生了：如何将人类和平共处的普遍趋势扩展到非人类？

我们已对人类可能引致的破坏有所研究与警惕，让我们再看看人类是如何从观察和保护生物中获益的。我将后者称为"灭绝抵抗者"，他们对抗着前文论及的自然经验的灭绝过程。作为抵抗者和自然的观察者，他们的活动产生了何种意义？他们的故事又如何点亮了我们的故事？也许到那时，未曾探索的新途径将不断打开，我们也将与生命世界开启一段崭新的共同历史。

✻

每段生命都是一部小说

我们的大脑喜欢故事，我们在不断地给自己讲故事。[10] 两岁半的孩子就能讲一个属于自己的故事了。[11] 心理学教授丹·麦克亚当斯（Dan McAdams）认为："一个故事可能整合不同的心理元素，将叙事秩序与逻辑带入混乱的生活中。"[12] 当人们被问到如何成为他们自己或他们的未来，他们通常会告诉我们一个故事。在这则故事中，他们把自己置于主角的位置，好像真的存在一篇他们自己撰写的书面故事。上述观察导致了叙事身份理论的阐释。"我把'身份模式'想象成一篇宏大的故事，一个综合的自传项目，一则个人神话。个体被置于世界之中，随时间的流逝而整合成个体的生活，并为此提供意义和目的。若从文字的角度去浏览它（和阅读它），就会像一本小说。我们可以浏览或阅读其中的章节，或专注于那些对定义自我特别重要的场景。"[13]

而这项研究存在一个核心问题。这些故事会对我们产生什么影响？有些故事充满娱乐性，另一些故事则为我们提供美德、道德或社会经验的指导。丹·麦克亚当斯归纳道，这些故事为"成为人"服务。

在人类学家波利·韦斯纳（Polly Wiessner）看来，故事让每个人都处在相同的情感波长中。它们使人类成为共同体的一部分，并创造理解、信任与同情。故事还有助于以正向的方式普及幽默、友好和创新等品质。韦斯纳长时间专注于研究南非布什曼人[14]，通过仔细分析170多段发生在白天与夜间的对话，她发现在星空下和火光闪烁的地方，讲故事占据了80％的对话时间。而白天则只有6％的时间花在故事上。在明亮的阳光下，抱怨占据了三分之一的时间，而其余时间则被用于讨论可用的工具或资源。波利·韦斯纳还将上述结果与其他狩猎采集人群的结果进行比较，"我们从故事中锻炼了想象力，获得了新视角，故事开阔了我们的视野"。

✳

小说创造意义

谁不会讲述自己过去的冒险经历？我们的自传故事

有利于促进社会关系，也有助于我们作出选择并支持对自己的正向看法。而这一正向的看法同样来自我们赋予生命的意义。

意义在我们的自传中处在绝对关键的位置：它将事件与"自我"在时间上联系起来[15]，并对我们的幸福产生影响。当我们以积极的方式写下生活中的一段痛苦经历时，我们的自尊心将得到增强，这一效果甚至能持续到一年后。相反，消极的自我谈话与抑郁症、压力和焦虑相关。此外，通过写作将自己投射到理想的个人未来也是克服生活障碍的方式之一。[16]

正向心理学也研究对意义的寻求。事实上，要改善一个人的幸福状态有两种可能的解决方案，而这两种方式在很大程度上是互补的。一方面，人们可以增加正向情绪体验，即享乐主义的幸福；另一方面，也可以通过向往有意义的生活，为超越个人满足的事业而奋斗。后者涉及幸福心理学，即从自我实现的角度描述个体的最佳运行。

芭芭拉·弗雷德里克森（Barbara Fredrickson）在2013年的一篇文章中解释道："这两种方式都深刻参与了人类生物学及其进化。[17]享乐主义被假定为诱发心理和生理的适应，而幸福主义则被假定为鼓励更复杂的文化与社会能力。"

上述两种方式相互"对话"、相互影响，很难确定哪种形式对长寿与健康会造成更大影响。

文章作者研究了 22,000 个基因。他们为什么要这样做？因为当我们处于不安全和压力情况下，血液中循环的免疫细胞会改变它们的语言：编码炎症分子的基因会被激活，而抗体和抗病毒分子则被牺牲。

上述反应与人类的历史和进化相关。研究人员认为，这一机制在过去——对于一些生活在自然附近的人群而言，现在可能仍然是——更有可能引发细菌扩散（例如在伤口上），而非来自人体接触的病毒性疾病。[18]

问题在于大多数社会仍是和平且紧张的：它们没有表现出真正的危险，但仍激活了"为保护我们自身而创造"的机制，以一种慢性的方式引发一系列功能障碍：心脏病、神经退行性疾病及反复的病毒感染。

所有被招募参与研究的 84 位人员均已填写调查问卷，问卷内容涉及过去几周所感受到的幸福感和满意度以及对有意义的生活的体验。相关的经历是否使他们变得更好，或者他们是否为社会作出了相关的贡献。所有人员也已参与体检，包括验血和其他问卷调查。在对参与免疫反应机制的 53 个基因的表现进行广泛分析后，研究小组得出如下结论：不论年龄、性别、种族、吸烟状况等，追求"有意义"的幸福感的个体较少有概率触发上述机制。

研究人员认为这一发现还表明了基因组对两类幸福

感的敏锐程度比我们有意识的情感体验更高。身体好像在对大脑"耍花招"。

✳

我曾活在一位在地生物学家的梦里

美国研究人员凯伦·利普斯（Karen Lips）的兴趣在于研究哥斯达黎加的树蛙。她最近目睹了它们因一种真菌的传播而迅速消亡的过程。"我一边看着办公室里的数据文件，一边想起我们刚刚着手撰写的描述与在地指南，但如今它们起不到任何作用。我常开玩笑说自己不再回中美洲工作了，因为那里找不到任何青蛙——但这并不是一个真正的玩笑。在我所熟知的范围里，只剩下一小部分两栖动物——回去会令人非常沮丧，只能一次次地确认青蛙的消失，又有谁愿意用一生的时间记录青蛙的灭绝呢？[……] 目前，我正考虑通过从事环境政策问题和参与国际教育与科学外交拓展更广泛的行动。"[19]

在其职业生涯初期，凯伦·利普斯曾拥有一个珍贵的机会可以将研究动机与个人理想相匹配。"我开始着手研究两栖动物，像梭罗（Thoreau）一样独自住在森林小屋里，研究自然界的季节性变化。我住在一个没有自来水和电的小屋里，离我家最近的房子有一个小时的路程，位于横跨哥斯达黎加和巴拿马边境的山顶雨林里。

120

［……］我实现了一个在地生物学家的梦想，期望将全部的职业生涯投入到世界上最美丽且被研究最少的地区之一——热带山地的两栖动物研究中。"

产生意义在于我们实现目标的动机令自己满意，且与我们的志向一致。我们朝着为自己设定的理想行动，一般而言，那将带给我们极致的幸福体验。但并非每个人都能像凯伦·利普斯一样幸运地起步，也有很多人对自己的职业选择感到后悔。心理学方向的研究者索尼娅·柳博米尔斯基（Sonja Lyubomirsky）指出："遗憾的消失速度在不断减缓，甚至可能随着时间的推移反倒加剧遗憾的程度。换言之，对未尽之事的后悔（我本该在大学里更投入学习、我当时就应该离开他、我希望自己从未离开过家乡）会随时间的流逝而变得更麻烦、更令人痛苦。其部分原因在于我们未采取行动的初始原因变得模糊。"[20]

若这一规律也适用于人类的其他重要实践呢？若对某件事情采取袖手旁观的态度会使人陷入一种徒劳的智力反刍呢？生物多样性本就对人的长远生存至关重要，而其消失的趋势也已存在多年，尽管我们为此感到痛心疾首，年复一年地浏览头条新闻中的坏消息，忧心忡忡的我们却并未付诸行动，与索尼娅·柳博米尔斯基所描述的个体遗憾的规律类似。

为明确个体遗憾与更广泛的集体遗憾间的相似性，

我向研究员及康奈尔大学专门研究"遗憾"理论的社会心理学家托马斯·吉洛维奇（Thomas Gilovich）提出了我的假设。他们均已确认假设的成立。索尼娅·柳博米尔斯基回答道，这甚至将是"一个富有前景的研究方向，也适用于应对气候变化问题及其他社会问题，比如投票动机"。托马斯·吉洛维奇认为，"由于不作为而产生遗憾的原因之一在于，'在关键时刻'不采取行动的理由（害怕尴尬、资金不足、其他需求）随着时间的推移越来越缺乏说服力"。托马斯·吉洛维奇发现，最持久的遗憾与个人理想相关，即与我们希望自己成为的个体有关。[21]

第二章　在大自然中更快乐

❃

放胆去做吧！是的，我们可以！

托马斯·吉洛维奇建议道，"不要等待灵感，而要潜入其中。等待灵感只不过是一个借口。只要我们开始着手某项活动，灵感自然而然便会产生。"[1] 即便害怕他人的目光，也无论如何要行动，一来，他人的行为并非如我们所预想的一样，二来，他们其实更为宽容。

索尼亚·柳博米尔斯基提出"承担更多的风险"。改变习惯，保持开放态度，走出自我的舒适区，"努力改变"对自己的想法，"成为一个能够采取行动的人"。[2]

当行动在本乡本土盛行时，它似乎能在群体层面上发挥作用：类似的故事几乎为此提供了典范性的效用[3]，比如在墨西哥干旱的下加利福尼亚半岛，一个名为卡波·普尔莫（Cabo Pulmo）的小村庄令珊瑚礁重生的故事。[4]20 世纪 90 年代，由于密集捕捞珍珠牡蛎、大鲨鱼、海龟和其他鱼类，该地的珊瑚礁已经退化。在不到 200 人的村庄里，每个人都认识彼此。在过去的 10 年里，本地大学（下加利福尼亚自治大学）的生物学家定期来此地研究珊瑚礁。他们与包括胡安·卡斯特罗·蒙塔诺（Juan Castro Montano）在内的渔民交谈，向对方解释渔网与船锚造成的损害。胡安是赫苏斯·卡斯特罗（Jesus Castro）的儿子，后者被认为是卡波·普尔莫村的开拓者。赫苏斯意识到卡波·普尔莫村必须改变未来以赢得生存。大规模捕鱼已今非昔比，旅游业也面临枯竭危险。在科学家的帮助下，卡波·普尔莫村决定冒一次险：停止捕鱼并建立自然保护区保护珊瑚礁。他们不再带领游客猎杀鲨鱼，而是引导游客专注于潜水及观察五彩斑斓的鱼。更为疯狂的是，他们把禁令铺展到加利福尼亚海湾的整个保护区，之前该区仅有 5% 的地域禁止捕鱼。不久之后，保护区变身为国家公园，并在其后加入了联合国教科文组织生物圈保护区网络（MAB）。

20 年后，该保护区被列为联合国教科文组织世界遗产，鱼类的总重量——或称之为生物量——增加了 400%。鲨鱼等大型捕食者的数量增加了 10 倍。海龟、鲸鱼和鳐鱼重回这片宛如绿松石的水域，同时回归的还有一种因大规模捕捞而受创最严重的物种：海湾石斑鱼。

科学家们在一本名为《保护生物学》（*Conservation*

Biology)[5] 的杂志上写道:"这些故事为未来的替代方案提供了参考。"渔民们通过改变自身的活动向我们"展示了未来的可能样貌"。[6] 他们所承担的风险也得到了回报,卡波·普尔莫村的鱼类增长创下了海洋保护区的世界纪录。[7] 公园之外的鱼类数量也得以增加,捕鱼率回升,游客也重新光顾,使得该地的经济收益远远高于墨西哥国民总收入。但故事尚未完结,旅游业的巨大活力使得卡波·普尔莫村必须对人流进行管理。卡波·普尔莫村不希望成为人流密集的生态旅游胜地,因为这将对珊瑚礁造成严重伤害。[8]

研究人员指出,关键在于居民群体的凝聚力及其改变意愿。当地人均参与了——现在仍参与在内——国家公园的系列活动:监测、保护海龟筑巢地、清理海滩和海洋。面对日益增长的发展压力,他们对可持续性概念的承诺增强了当地人间的团结力量。

卡波·普尔莫村是否已进入互利共赢的状态?在自然资源有限的世界里,人类对海洋物种的保护有利于珊瑚礁的存续,而后者又为其保护者提供了一部分的食物和物品。但正如我们所见,这一平衡十分脆弱,若其中一个主角"作弊",那么往往会造成系统中的一方剥削另一方。而这正是村民们的担忧所在。

不论如何,村民们相信这个有意义的新故事并据此采取行动。他们同时也变得骄傲和快乐。他们实际做了什么呢？即在大约70平方公里的范围内与野生动物分享领地，尽管村庄的面积还要小得多。

村民们的勇气在于彻底改变经济模式，关键在于接受一定程度的不可预测性和不可控性：他们无从知晓自己的选择将把他们引向何处。

他们的疯狂在于带着乐观和充满希望的态度相信一种可持续发展的梦想。

*

如何叙写历史的未来篇章？

第一个好消息是，我们知道为生物多样性进行合作对人类而言意义重大。第二个好消息是，我们同时也会发现乐趣所在。

事实上，与大自然融为一体的感觉会使人感到更快乐。[9] 而我们所说的"快乐"指的是自主性、活力、成就感和意义。

自然的力量在于其激发的正向情绪。这一联系之所以重要，是因为它赋予我们某种责任，令我们对发生在大自然身上的事情、它的不幸与痛苦感同身受。[10]

那么，提出"感同身受"的人也提及了依恋、爱与同情吗？

哲学家阿加塔·泽林斯基（Agata Zielinski）[11] 认为：

"同情是不由自主发生在我们身上的情绪，即对他人的痛苦做出的反应。""其目标在于联系，同情的发生可以使我们奇异地接近与他人的痛苦，一种无法接近的痛苦。"哲学家的概括十分精辟："同情不在于流下眼泪，而是一种责任，一种不以情感为导向而以他人为导向的责任。它在关系和行动中成为对他人的承诺与保证。"同情不是爱，它接近于爱，但具有自身的特点。[12]

同情不同于移情，前者可导向一种行动的冲动；移情使我们可以感受对方的情绪，但不一定会令我们产生拯救对方的行动。此外，针对同情的研究只发生在人类和灵长类动物中；与之相关的科学发现也是十分晚近的成果。[13]同情与我们的行为有关，可以通过语调和触摸传达我们对受苦之人的感受。我们走向对方，在温暖和善意中，两颗心都感受到暖意：人性的纽带由此建立。当我们产生同情心时，我们的副交感神经系统会受到刺激，心率会因此减慢。[14]而大脑中的一个特定区域也被激活，该区域原本会在疼痛的情况下或者在受到父母安抚的情况下才会被激活。[15]同情在我们的生存中发挥着一种特定的功能，它鼓励我们照看他人。

尽管同情是由痛苦引起的，但它仍是一种正向情绪。同情能抚慰经历它的人。然而什么程度的同情才能让我们采取行动创造一段人与自然史的新历史呢？

127

*

重新让心灵变野

生态学荣誉教授马克·贝科（Marc Bekoff）认为，"我们需要同情、移情及和平的社会价值观实现共存"，才能"重新让心灵变野"[16]。同情与移情根植于生物学并形成跨物种的情感景观。"物种间原本无法形成强大而持久的联系，它们却做到了。跨物种的友谊表明了物种间，甚至在捕食者和猎物之间，都能够分享快乐、爱、同情、善意和痛苦"，他列举了一只鸟和一只猫、一只母狮和一只小羚羊、一条蛇和一只仓鼠之间的友谊……还有某天在肯尼亚大草原的一群大象中醒来的不知所措并假装死亡的女人。这群棘皮动物在离开前小心翼翼地用带刺的树枝覆盖女人的身体……这是保护她的一种方式？

虽然上述故事仅仅是某个传闻，但恰恰说明我们对生物界的同情心知之甚少。

生物学家提出疑问，"我们是否需要'更多的科学'来变得更好、更富有同情心？不，我们原本就富有同情心，这是我们共同的动物本性所固有的属性"。

心理学研究人员却认为正念冥想术有助于同情的分阶段产生。同情的培养始于我们所爱之人，然后是我们自身，紧接着是陌生人，与我们关系复杂的人，甚至整

128

个人类。同情有助于生成更好的免疫反应并改变对个人资源[17]的理解，从而起到舒缓与安慰的作用。这一切都促进着个人世界观的开拓以及对变动性的接受。但我们是否准备好向那些我们并不喜欢甚至讨厌的物种，如干扰或侵占我们领地的物种开放？该问题可具体表现在日常生活中，比如，我很少遇到对蚊子产生同情的人。

无论如何，练习冥想可以增加利他行为，并激活大脑中与情绪调节和参与社会关系有关的区域。[18]

目前似乎没有任何科学论文专门检验对野生世界的同情心的研究。瑞典的一项研究则反向调查了 5 至 11 岁儿童对动物的同理心——其对象是一只追着球跑并被车撞倒的狗。[19] 孩子们在课堂上听完这个故事后——其中一些人接受了三次移情练习[20]，其他人则没有接受任何练习——完成了一份调查问卷，他们被要求对听故事时所产生的情绪进行评价：喜悦、悲伤、怜悯和同情。结果是男孩们进步最大！研究显示，女孩们本身已具备程度非常高的同理心——无论她们是否参与练习——她们仍在进步。虽然对象不是野生物种，但研究表明儿童，尤其是男孩，同理心的提高是可能的。必须指出的是，儿童生来具有移情力，但随着"童年和青春期发生的情感变化和认知过程"而所有改变。[21]

移情训练并非易事，需要投入时间与精力。在持续数周内，每天投入几分钟。还需要在实践中一步步地进行培训或指导。对一些人来说，这似乎完全无法达成，甚至出于恐惧而被排斥在外。英国教授保罗·吉尔伯特（Paul Gilbert）在医院开发了数种同情心训练法，并列出大量人们为避免对自己、对他人产生同情心或接受他人的同情心而设置的障碍。[22] 接受正向情绪也并不简单。富有同情心可能被所在团体看作是软弱的体现，这意味着个人可能会被排斥在团体之外。"如果我们无法一同分担痛苦，又如何产生相似的同情心呢？"人的脆弱性，暴露在痛苦之中。一个不自知脆弱的人如何产生同情？同情的前提在于受影响的能力，意即脆弱性。哲学家阿加塔·泽林斯基提出："那个影响到我的人恰恰是暴露其全部脆弱性的人。"[23]

这并不影响同情产生效果。好几种方法能够消除上述障碍。在治疗中，同情能够帮助自责或对自己感到羞耻的人。在日常生活中，它有助于减少压力激素和炎症分子的分泌、改善睡眠质量等。

为什么不尝试朝向全球化的同情冥想呢？人类和非人类？纳入某些动物、树木、植物、地球？

而人身上存在一个众所周知的现象，即同情心的稀释。[24] 处于危险中的人越多，行动则变得越少。研究人员表明，濒危物种的情况也是如此，尤其是在人们没有环境意识的情况下。为个人捐钱或为北极熊、熊猫、白鹳采取具体行动均为发自内心的承诺，但随着处在危险中的个体数量增加，捐钱或采取行动的承诺便会呈现下降的趋势。[25]

即使人类生来就拥有同情的正向情绪，培养这种正向情绪仍十分必要，这有助于它开花结果。研究人员认为同情的强化类似通过定期体育活动锻炼肌肉：练习越多，效果越佳。[26] 而练习同情冥想的科学仍处于起步阶段，许多灰色地带尚未消失。[27]

＊

轻视享乐适应

正向心理学的关键发现在于，尽管个体出生时拥有各自的幸福基准，即设定点，但个体幸福会伴随时间和生活环境的变化而波动。一半的幸福基准来自父母的基因遗传，10％—20％与生活条件（婚姻、金钱、健康等）相关，近 40％与个体的意向性活动有关。[28] 这正是索尼娅·柳博米尔斯基提出幸福神话[29] 的原因所在。

柳博米尔斯基在 2013 年的一次采访[30] 中解释了第一类神话："如果我们现在不快乐，但当 X、Y 或 Z 发生时，我们会变得快乐。""当我结婚时，我会快乐，当我搬家时，当我有孩子时，等等。问题在于使我们快乐的事件并非如我们所愿，其持续时间也不如我们设想的长久。"第二类神话：发生在我们身上的任何不幸（情绪崩溃、死亡、学业或工作失败）会使我们永远不快乐。然而，我们会适应规律且持续的事件，无论其正向与否。[31] 一段热烈的爱情或一次职业上的失败会转变成个人层面的故事，一部新手机也会很快成为家具的一部分，一家餐厅的美味巧克力慕斯在连续吃三晚后也不再让人惊喜，等等。

这一被称为"享乐适应"的科学术语无非是"别处的草更绿"的替换说法。

正向心理学针对不同生活经历下减缓享乐适应的方法展开了相关研究，其中涉及对意向性活动的研究。由此产生的一批令人印象深刻的作品介绍了突出正向情绪的策略，用以抵消抱怨、不满等消极情绪的力量。上述策略的讲述有助于减缓我们将受益视为理所当然的过程。

自然和生物多样性在上述活动中占据什么位置？我们曾在第二部分讲述植物及受其庇护和滋养的物种对人的身心起到的重要作用。享乐主义或幸福主义的幸福对于保护大自然无疑具有相当的意义。[32] 但截至目前，人类并未付诸足够的行动。是时候改变策略并转换角度：先成长后行动。

如何做？重视经验和经验分享。事实上，这才是最有助于个人幸福感提升的所在。[33]

第三章 自然让我们更幸福：唤醒心中的追踪者

多样性是生活的调味品，

赋予生活全部的滋味。

——威廉·考普[1]（William Cowper）

✳

出门！走出门！

在30天内每天户外活动30分钟：与朋友、家人或独自一人进行外出挑战。加拿大生物学家大卫·铃木（David Suzuki）基金会设置的"30×30自然挑战"[2]，其内容包含在花园、树林或公园里感受土壤和空气的气息，目的在于看见绿色并重建与其他生物的联系。该项挑战有英语和法语两个版本，所有人均可参加。2015年共有6,724人参加活动，其中90％为女性。

研究人员伊丽莎白·尼斯贝针对该项挑战对参与者所产生的影响展开研究。[3] 尽管大多数参与者都是首次参加这一挑战，但他们都严格遵守规定，几乎所有人的户外运动或休闲活动时长都增加了一倍。这项挑战产生的主要效果包括暂停电话、互联网和电脑的使用，增加与朋友外出的机会等。

显然，许多参与挑战的人已经察觉到自然对自身的影响，而一开始与自然联系不多的人也取得了巨大进步。大多数参与者在挑战前就表现出高兴的情绪——他们每周在自然中待 2—6 小时——但这并未妨碍他们的正向情绪和活力在挑战后上升。情况恰恰相反，经过挑战，他们的负面情绪得以减少。同类型的挑战，如"野外三十天"，也取得了类似效果。[4]

面对美国的"自然缺乏综合征"，各协会正努力让人们走出门，尤其是为野生美国奋斗的塞拉俱乐部（Sierra Club）。我们可以在他们的网站[5]上看到："走出门不仅有利于我们的身心健康，也可以促进社会的健康。"

*

追寻失踪灰熊的足迹

2012 年，塞拉俱乐部与位于蒙大拿州（Montana）的冒险家和科学家保护协会合作，目的在于将热心帮助科学家进行灰熊保护研究项目的人联系起来。烟根山脉离黄石公园有一定距离，对曾在该地区消失的熊而言，这是个好地方。46人连续3个周末在树干和栅栏上寻找毛发和粪便，来确认熊是否再次冒险进入了山区。

志愿者的年龄从13岁到60岁不等，他们来自纽约、康涅狄格、俄亥俄、加利福尼亚和温哥华。既有上班族、学生，也有参加过越南、伊拉克和阿富汗战争的老兵。他们不仅学会了尊重本土本乡，还增长了不少生态学、植物学和野生动物生物学的知识，对生物学家在当地森林进行的保护工作也十分熟悉。在开始搜索前，协会创始人格雷格·特雷尼什（Gregg Treinish）交给他们一份关于灰熊毛发的详细描述，尽管他们找到相关毛发的概率很小。"请大家仔细观察毛发的银灰色末端。这是灰熊独有的特征，也是灰熊名称的由来。"

这一挑战属于生态学的一个新兴科学领域：参与式科学。科学家和公民组成协会共同应对研究问题。伊丽莎白·尼斯贝再一次就荒野对人的心理所产生的影响展开研究。[6]与此前的研究一样，她发现周末从荒野归来的人充满活力，拥有积极乐观的情绪，负面情绪也偃旗息鼓。当然，所有人员都是志愿者。显然，自然让人着迷，也让人的心灵得到安宁。[7]我们独自或合作书写的树林间的故事在科学家的帮助下通过其自身的发展向我们发出呼唤。长期处在不稳定状态中的云，和云朵捉迷藏的太阳，隐藏的树叶，模糊的雨，发出闪亮反光的水坑或池塘，短暂拥有某种结构的雪花，林间小路的拐弯处，被树叶部分遮挡的景色，不知疲倦地蜿蜒在视线之外的小溪，它们都有着属于自己的神秘之处。我们的好奇心受到它们的驱使和邀请，有意识或无意识地寻求更多的信息。

在追踪失踪灰熊的过程中，这些科学家式的学徒还尝试了一个有意义的游戏：寻找潜在危险动物回归的线索。艾克斯-马赛大学（University of Aix-Marseille）的哲学家巴蒂斯特·莫里佐（Baptiste Morizot）指出："要进入这个符号世界困难重重，它们对普通人来说不可见或者很隐秘"。追踪的耐人寻味之处在于它不会向我们提供某种壮观的场面。在寻找揭示动物习性与生活方式的遗留线索的过程中，存在的是一种集体的快乐。这不仅仅是一种观察的艺术，更是一种想象的艺术。[8] 而以下三种情感的产生也与自然密不可分[9]：惊叹、着迷与好奇。

> 你惊叹萤火虫的飞行。
>
> 你听见花瓣落下的声音。
>
> 这是你的孤独时分，
>
> 还是分享时刻呢？
>
> ——程抱一[10]（François Cheng）

136

*

追踪的艺术

南非人类学家路易斯·李本伯格（Louis Liebenberg）认为，为解释动物在地上留下的痕迹和足迹，追踪者必须把自己投射到动物的位置上，想象动物那一刻会做什么。学会设身处地，我们运用移情的能力来发现生物在某个地区的活动痕迹。巴蒂斯特·莫里佐[11] 指出："一组痕迹。在某条河堤岸的黏土上留下的一道行迹。当然，我们的发现可能无关紧要：泥土中只有犬科动物的脚印。但换个立场看，这事关重构行迹的问题，即推断一条路线、一串步伐、一种意图，与在某地的生活方式相关。我们用眼睛所见的事物再次与情感发生关联，为追踪动物的行迹，我们必须站在它的角度来了解它的意图，利用它的爪子走路来了解它的动作。"

在路易斯·李本伯格看来，追踪的艺术需要不断解决问题并提出新的假设，以便对从追踪者的立场出发对行不通的迹象释义并给出其他解释。追踪本身就是一门艺术，它具有创造性，而研究者则认为科学的方法源于人类的追踪能力。他写道："追踪代表着科学的基本形式。"一小部分人在集体研究计划中不断互动。为做出假设，路易斯·李本伯格对南非布什曼人（Ju/'hoan!

Kung）展开研究，作为优秀的猎人和追踪者，布什曼人不论男女都能仅凭一个人的足迹来识别对方。狩猎对他们而言至关重要。追踪的艺术和我们"解决问题"的技能从遥远祖先的需求中演变而来。

巴蒂斯特·莫里佐确认道："在追踪下……我们看到无形的事物、神秘的事物[12]。"必须推断出一个方向，动物的当前活动。这也需要观察环境：植被的高度、可能的路径、关键地点及其所在位置，如饮水孔等。追踪意味着抬起头，试图读懂其他物种借微妙的迹象告诉我们的信息：植物、鸟类的示警叫声等。

人类学家爱德华多·科恩（Eduardo Kohn）认为："要注意到线索，线索的阐释者必须在某一特定事件和另一尚未发生的潜在事件之间建立联系。"[13] "迹象是有生命的"，它们处于人类或非人类的生命动态之中。而缺乏迹象同样不足为奇。"一种迹象的存在与缺乏之间的游戏赋予迹象以生命。这使得迹象超越了它们之前的影响，使之成为潜在可能事物的图像与指示。"[14]

✱

着迷、神秘与惊叹

我们已在前文介绍过"看见绿色"之于心灵恢复和减少城市压力的积极影响。在雷切尔（Rachel）与斯蒂芬·卡普兰（Stephen Kaplan）的理论中[15]，自然的魅力起着重要作用，迹象、脚印、被隐藏或遮掩的元素所引起的神秘感同样促成了对自然的着迷。需要注意的是，着迷既来自恐惧感，也可以由正向的好奇心引起。在雷切尔及斯蒂芬·卡普兰看来，大自然提供了一种温和的、不需费力的魅力。它与观看在两山之间走钢丝的人或某档电视节目完全相反。而三名美国研究人员安德鲁·索洛西（Andrew Szolosi）、杰森·沃森（Jason Watson）与爱德华·鲁德尔（Edward Ruddel）组成的研究小组聚焦神秘之地——它们较其他地方显得更为神秘，小组针对神秘之地对于视觉记忆所产生的影响展开研究。[16] 而这些神秘之物更容易在我们的记忆中留下"印记"。比如穿过森林的弯曲而非直线道路。观察时长仅为 0.3 秒，它们就已嵌入我们的认知器官当中。观察时长越长，我们越能记住它们。而对于非神秘之地的记忆内容却只保留了一半。记忆与我们对某地的迷恋、我们希望在某地停留的愿望以及它吸引我们的细节相关。

在小组的三名研究人员看来，对某地的着迷让我们更容易记住该地。但有关的记忆还需足够长的观察时间：5 到 10 秒。记忆需要我们先投入一定的努力去观察，而这样的努力则能为我们的记忆投资带来丰厚的回报。

"在田野和树林的包围中，他什么也不是；他注视着一切；一种未知力量的气流在他身上流淌。……他成为上帝的组成部分，自由而无边。在树木之间，在起伏的风景之外，他遥看西边的地平线；在一瞬间，他所凝视的事物与野性的自然一样美。"[17]

约翰·威廉斯（John Williams）的小说《屠夫十字镇》（*Butcher's Crossing*）中塑造了一名东海岸的学生形象——安德鲁斯（Andrews），他不属于那些在烟根山脉寻找灰熊的人，而是梦想着追随水牛群的脚步。但当他逃脱"邪恶与约束"抵达"周围的荒野"时，人们在小说的字里行间感受到一种惊叹，一种面对庞然大物的好奇与惊讶的混合物，这种惊叹超越了它自身的认识，它不仅发出质疑，甚至要求改变自身的思维模式。[18]

这种情绪得到哲学家与社会学家的广泛研究。在80％的案例中，惊叹与一些积极的经历有关，在其他情况下，与某个特定的人（46％）或自然（32％）相关。[19]惊叹的独特属性使其区别于其他情绪。当我们表达惊叹时，我们不会露出笑容。反之，我们处于一种茫然状态，嘴巴和眼睛都睁得很大，眉毛也竖了起来。在研究人员看来，上述表情使惊叹区别于其他可以和他人交流的情绪。惊叹意味着我们面对的是一种超越自身的现象，它把我们和他人联系起来，仿佛我们共同发现了一幅绚丽的全景图。具体而言，正如我在序言中所解释的那样，惊叹可以让我们对他人更慷慨大方。它是一种亲社会的情感，也使人更为谦卑。[20]这正是惊叹被认为可以促进集体生活的原因所在，在惊叹中，个人利益排在集体利益之后。

大自然中的极端现象，尤其是与气候相关的极端现象，也会产生巨大的破坏力。由此产生的惊叹情绪也可能与负面事件有关（大约20％的案例）：不得不在山顶的悬崖边爬行；看到挑战者号（Challenger）航天飞机在飞行中爆炸；从2001年9月11日的袭击中感到由"恐怖、震惊和惊讶"引发的惊叹[21]……这类惊叹是属于黑暗的，会令我们产生一种无助感，不由自主地认为自己"比他人更渺小"。它令我们产生不快，与由正向事件引发的惊叹所产生的良好效果相互抵消。我认为这可能是人类希望掌控环境的原因之一。不惜一切代价保持主观控制，以确保主体的安全。研究人员达切尔·凯尔纳向我证实了这一猜想："这部分的阴影表达着人类对幻灭与异化的恐惧，黑暗的惊叹可以导致控制与从属关系。"

与心理学研究人员的发现一样，情绪比我们想象的更为复杂，不同情绪汇聚成一张字母表，我们可以从中提取不同的字母来创造词汇，恐惧也不例外。恐惧在大脑中的显示区域非常明显，它使这部分大脑回归"爬行"机制，即原始机制，可以触发身体的即时反应来保护自己。引起惊叹的破坏性事件由此像化石一般永久地留存于我们的记忆当中。

幸运的是，惊叹可以促进好奇。记者弗洛伦斯·威廉姆斯（Florence Williams）对研究该问题的研究人员克雷格·安德森（Craig Anderson）做过采访。[22] 在访谈的同时，记者还参与了一系列试验。比如在观看"超验"视频时被测量出汗与心跳。克雷格·安德森告诉记者："引起惊叹的事物往往自带丰富的信息。身体在平静后会储存环境信息。"因此，惊叹会让人提出问题并走向他人来寻求答案。

✱

醉心于大大小小的奇迹

在距离烟根山脉（Tobacoo Root）很远的滨海——阿尔卑斯省（Alpes-Maritimes）蒙特卡洛（Mercantour）中心，"可能是在海拔 2,000 米的地方，当时高处的雪迟迟未融化……我对黄委陵菜进行试验，仅收集到 2—3 种分类单元①（的照片）!"简马（Janmar）曾参与法国传粉者参与性科学计划，对昆虫进行摄影监测（Suivi photographique des insectes POLLinisateurs：Spipoll）。[23] 在一片壮丽的山景中[24] 专注地观察一朵花的花芯长达 20 分钟，只为等待昆虫前来并对其进行拍摄。毫无疑问，这

---

① 作按：分类单元是赋予一组具有相同特征的生物体的名称。例如一个物种就是一个分类单元。

份工作需要十足的耐心，鉴于简马对昆虫已有所了解，好奇心的分量或许没有耐心大。"我对昆虫的了解仅限于蝴蝶与蜻蜓，但在摄影监测的帮助下，我可以进一步了解其他种类的昆虫。"

惊叹并非局限于户外大空间。"哇"可以从和昆虫一样微小的事物中产生，比如在挡风玻璃上旋转的梧桐枯叶。芭芭拉·麦（Barbara Mai）从研究伊始就借助摄影监测技术。"从前，这个丰富的世界有时会令我害怕，但如今我对它很熟悉。"她毫不掩饰自己一开始只知道几种昆虫名称，如蜜蜂、大黄蜂和食蚜蝇，也完全不知道这些昆虫的模样。"昆虫对于当时的我而言都是完全陌生的小虫。"从最开始的恐惧到好奇，再到学习的快乐与进步的自豪。[25]"我是从零开始的，有一天我注意到自己收藏的物品上有一个错误的标识，到后来我还能发现其他使用摄影监测技术的人的收藏品上的错误：我真的取得了进步！"使用摄影监测技术的人将作品集中展示在一个网站上，每个人都可以自由浏览其他人发布的作品，这为相关交流留下了充足的空间。

对限定与命名的好奇和渴望会引发一种善意的知识分享，其中掺杂着着迷与满足的情绪。"我喜欢在集体冒险中为保护生物多样性作出具体的行动！与专家和其他使用摄影监测技术的人交流与互助非常充实。"这项活动对芭芭拉·麦来说意义非凡。作为拍摄授粉者的"狗仔队",不仅与摄影活动有关,还包括一项昆虫分布的研究计划。"要是科学杂志上发表了一篇我们拍摄的昆虫的文章,我们会感到非常满足!"2012 年,研究人员尼古拉·德吉尼斯(Nicolas Deguines)及其合作者利用"狗仔队"(即使用摄影监测技术的人)的摄影数据,呈现了城市化对授粉昆虫物种数量产生的影响。[26] 2018 年,他们再次对"狗仔队"的摄影数据进行分析。[27] 借助 1,019 名观察者拍摄的 65,456 张昆虫照片,尼古拉·德吉尼斯对"狗仔队"迅速识别所有授粉昆虫群体的能力作了详细的列举:包括家养蜜蜂(一个物种)、野蜂(42 个物种群)、其他膜翅目(52 个物种群)、甲虫(136 个物种群)、蝴蝶与飞蛾(231 个物种群)、苍蝇(91 个物种群)!从网站上展示的 25 张照片看来,蜜蜂并非唯一的授粉物种:还有很多其他物种也参与了授粉,更不用说伪装良好的捕食性蟹蛛(八条腿)和蚂蚁了。法国人对昆虫的认识可能还不如美国人。尽管 99% 的美国人都相信昆虫发挥着重要作用,他们却认为北美大陆只存在 50 种左右的昆虫,但实际上昆虫种类高达 4,000[28] 种!在法国,每天有 950 种野生蜜蜂参与植物的繁殖。

研究人员没有想到 2010 年创建的交流网络成为一个庞大的提供昆虫生物多样性知识的"学校"。尼古拉·德吉尼斯的研究结果显示:参与者取得的进步与他们之间的互动频率显著相关——学习取决于他们共同编织的联系。在 2010 年至 2013 年期间，观察家们撰写了 67,000 多条评论，每个人至少上传了 30 张照片。

芭芭拉·麦说道："验证科学假设需要大量的数据，我将继续收集不同的数据。"

要知道，在一株植物前静立 20 分钟的确很久，而整理网站图片并确定昆虫种类也可能同样乏味。简马在刚开始时"几乎放弃"，但他"不后悔自己等待了一段时间"。那是为心理学家索尼娅·柳博米尔斯基所付出的宝贵努力。

※
"那里有一个新发现"

参与式科学远非新鲜事物。研究人员卡伦·库珀（Caren Cooper）在《公众科学》（*Citizen Science*）[29] 中讲述了威廉·惠韦尔（William Whewell）如何因其在海洋潮汐方面的付出，于 1837 年被授予伦敦皇家学会荣誉奖章。这份工作并非一人之功，而惠韦尔的伟大之处在于协调了大西洋两岸 650 个站点的一众志愿观察员。1835 年 6 月的两周内，所有人必须在相同的时间测量潮汐。当时可没有网络和电话！生物多样性领域的多项科学研究也依赖于"非专业"观察员，例如英国化石猎人玛丽·安宁（Mary Anning）在 19 世纪 20 年代为了解陆地生命史的热潮做出了贡献。作为一名女工人，玛丽·安宁如今因其对化石的研究而闻名，有关化石至今仍被自然历史博物馆收藏。[30]

对一间生命图书馆的好奇与发现使美洲、欧洲、印度等地参与年度鸟类计数的人的眼睛发亮。中国的观鸟活动也在不断发展。[31]"圣诞节鸟类计数"（Le Christmas Bird）是世界上最古老的由业余志愿者进行的鸟类计数活动。卡伦·库珀（Caren Cooper）指出其前身是 19 世纪一年一度的打鸟比赛。1900 年左右，这一传统演变为一项计算物种数量的活动。[32] 组织方奥杜邦协会（l'Audubon Society）网站上的世界地图显示，全世界大约有 20 个国家正在进行计数活动。[33] 初学者也可以参加，富有经验的鸟类学者会监督当天的活动数据，所有被观察到的鸟类都会被统计在内。计票期从 12 月中旬到 1 月初，持续 3 周左右的时间。大约共有 60,000 人参与其中。[34] 在美国，有超过 4,500 万人观察和拍摄鸟类。1,600 万人将其当作旅行目的。[35] 2013 年，观鸟者代表着 400 亿美元的经济价值。出于对恶劣天气下迁徙的鸟类动物的喜爱，观鸟者甚至推动了相关科学成果的产生，尤其是与气候变化有关的科学成果。[36]

在白茫茫的天空和逆光作用下，用双筒望远镜进行追踪面临着巨大挑战，但乐趣在于与他人结伴同行。一些人给自己设定了挑战，比如这位参加"花园鸟"行动的法国观察员[37]希望每天至少能观察到 10 种鸟。2014 年，他进行了 4,100 次观测并观测到 7,700 只鸟[38]，对此他感到十分自豪。4 年后，他的观测次数已达 40,000 次，并听辨[39]出 60 种左右的鸟类。使用摄影监测的法比安娜（Fabienne）也向我解释了她的爱好，她喜欢"新事物"。"当拍摄没有失焦时，我会感到十分快乐！尤其是当我面对一种陌生昆虫时。"[40]

另一位女性的观察对象是花园蝴蝶，她意识到自己"不用特意去看也能看到蝴蝶，它们是环境的一部分"。直到她开始观察，"它变成了一个游戏"。[41] 这些参与性的户外科学项目，如星系动物园科学联盟（Zooniverse）[42]，与图像工作有关，遵循着精确的规则（即著名的研究人员协议），倾向于培养好奇心。农业生物多样性观察站[43]是一个专门针对农民的项目，参与的农民需要对蚯蚓、蝴蝶、软体动物及独行的蜜蜂进行计数，观察地块、栽培的植物及其危害物，从而"重新征服""未知的环境"。自然人类学研究员埃莉斯·德穆勒纳尔（Élise Demeulenaere）[44] 所记录的农民访谈调查显示，"这一项目鼓励我们多观察，多留意"。其他被采访者则表示自己会花时间"坐在那里观察。坐在地里看看不同的物种是件很愉快的事情"。

最终，所有人都像玛丽·安宁、巴蒂斯特·莫里佐一样学会了使用眼睛。一位参与蝴蝶观察计划——该计划为专业绿地管理人员而设——的园丁表示："当眼睛习惯于寻找某样事物后就能看见它。"[45] 这正是英国人类学家蒂姆·英戈尔德（Tim Ingold）所珍视的注意力教育概念。"向某人展示某样东西，即将其带到那人的眼前或让他参与感官体验，不论是通过触摸、嗅觉、味觉还是听觉。换言之，通过揭示环境的某一方面或某个元素使其被理解。"[46] 在人类学家看来，对新手的陪伴意味着引导他们走向发现之路。"当新手被带到环境中的某个元素面前时，他被邀请以某种方式关注该元素，其任务不在于揭开该元素的密码，而在于自己去发现元素背后的意义。为助其完成任务，他将得到一套钥匙，它们并非密码，而是线索。那也是打开感知之门的钥匙，拥有的钥匙越多，能开启的门越多，世界也越敞开。我认为正是钥匙的获得使人们逐渐学会了感知周围的世界。简言之，我们怀抱着发现的乐趣，像小孩子一样。"[47]

✳

生活的调味品

从前文的介绍中我们可以发现，新奇的观点及其对乐趣与意义的催生，可以将其与享乐适应理论联系起来。

在索尼娅·柳博米尔斯基看来，我们每个人都可以努力通过意向性活动控制自己享乐适应的速度与程度。

秘密在于放缓、预防、拥抱使我们适应任何正向情况的过程。她指出，"当我们不再关注某件事、某个人或某个想法时，我们已经适应了它"。相反，"任何持续引起注意的物体——换言之，任何让人们不断意识到或经常在无意中出现在脑海里的物体——都不太容易触发享乐适应"。[48] 意识到自己所拥有的事物或活动的正向变化会降低适应的机会。注意力发挥着重要作用。这正是不试图将活动系统化的原因所在，因为即使是正向的活动，我们也会适应。

如果生物多样性无关乎多样性和意外，那什么才是生物多样性？通过将注意力集中在一个、两个、十个物种上，我们会不断发现新的乐趣。正如我们所见，这涉及关系问题。观察一个物种意味着借助另两个不同的物种对之进行观察。

"我的小儿子五岁了；现在他能说出三四个名称。我认为他很棒！以前，当他看到一只蝴蝶时，他会说：哦，那是一只蝴蝶！但现在他会说：哦，看，那儿有一只孔雀蛱蝶，一只大叶粉蝶，或一只硫磺蝴蝶。"[49]

给予身份意味着给予关注。我们在人群中只能看到人，当我们知道他们的名字，如杰奎琳、埃米莉、弗朗索瓦和大卫时，他们就不再只是人，而是拥有故事的人。

波丽娜是"鸟类实验室"（BirdLab）[50] 的一名玩家，"鸟类实验室"是一款观察冬季喂食器中的鸟类行为的科普类游戏。波丽娜的想法远超出游戏程序的设定,"从我的个人数据看来,我拥有 16 种鸟类。还不错,不是吗?有些鸟来来去去,有些鸟对其他鸟漠不关心,有些鸟之间还会发生争斗!这不就是生活嘛!我在它们的陪伴下从来不曾感到孤独。它们是我的朋友!我们之间存在着联系。"[51] 波丽娜从游戏中发现了人与鸟的同一性,并最终走向了对人鸟关系的思考。

这一点与生物学家爱德华·威尔逊(Edward O. Wilson)于 1984 年提出的生物亲和力理论相仿。他写道,"我们所感受的惊叹会成倍增长:当我们知道的越多,可挖掘的奥秘就越深,我们将不断寻求新的知识来创造新的奥秘"。[52]威尔逊接着写道,这一渐强的趋势"似乎来自人类与生俱来的特性",它"不断驱使我们寻找新的地点与生活"。

但人类特性并非只是表象。爱德华·威尔逊诠释了享乐适应的过程。研究人员肯农·谢尔顿(Kennon Sheldon)、朱莉娅·博姆(Julia Boehm)和索尼娅·柳博米尔斯基[53]解释道:"根据定义,享乐适应只发生在对重复和恒定刺激的反应中,而不是对动态变化的刺激的反应。"而"思想和行为中的多样性似乎天生就具有刺激性,能够提供一种先天的回报。"在上述研究人员看来,意向性行为的多样性对我们幸福至关重要。反之,"丧失自发性的重复性意向活动可能是有害的"。

三位研究人员认为，他们的职业无疑阻碍了他们进行享乐适应。他们提道："当我们提出新问题、测试新现象和发展新理论时，兴奋感和满足感会相应增加。"这正是永远保持工作新鲜感的原因所在。他们总结道："多样性是幸福的调味品。"

∗

观察，是为了改变

波丽娜、简马、迪迪埃和玛丽·安宁的面前各有一个调色板，鸟类、爬行动物、植物、蚯蚓或哺乳动物随时随地为他们的生活增添色彩，因为他们都学会了观察并找出它们的踪迹。他们可能因此变得更健康。在 2013 年关于使用摄影监测授粉昆虫的参与者大会上，一些人表示希望社会保障部门能为该活动提供资金支持，因为通过摄影监测授粉昆虫可以令人放松身心。[54] 不论如何，他们的参与对他们自身而言存在意义。

法比安娜告诉我，她"最初的动机在于为生物多样性做一些具体的事情。地球的状况令人担忧。如果我不做任何事，会感到不舒服。我需要让自己投入其中，需要付诸行动"。[55] 类似的动机也存在于其他项目的参与者身上，比如参与"花园鸟"项目的一名女士在回答在线问卷时写道，希望"成为一名行动者，哪怕自己所产生的影响非常微弱",但仍能借此"参与宇宙运行,成为宇宙大链条的一部分"。[56]

他们都遵循研究人员张嘉伟和达切尔·凯尔纳的建议:"自然是惊叹的关键触发点,个人在日常生活中培养惊叹的方法之一在于参与在自然中进行的活动。"[57]

人们可能会想,上述行动动机也许只是沧海一粟。尽管人们怀有善意,但实际行动的人数太少以至于无法有所作为。然而,他们的介入与行动的第一步,已对生物多样性产生了积极影响。

让我们深入研究北美帝王斑蝶的迁徙之谜,它们在几十年间激励着来自各行各业的"追踪者"们。他们是志愿者、科学家,甚至监狱囚犯,他们共同参与了一项惊人的帝王斑蝶幼虫繁殖计划。[58] 寿命仅有数周之短的蝴蝶如何能每年从墨西哥迁徙几千公里抵达美洲大陆的北部?这一令人难以置信的迁徙旅程需集合四代蝴蝶的生死相继才能完成。每一阶段将诞生一群幼蝶,它们靠吃马利筋(一种带毒野生植物)长大。前三代中,每个从蛹里出来的小家伙都知道自己必须在 2 至 6 周内飞往北方。直到第四代,也只有第四代的新生儿,即 2 月份飞出墨西哥的雌性蝴蝶的玄孙,它自知出生在 9 月或 10 月的自己必须返回南方,为此,这批幸运儿将存活 6 到 8 个月。

它们的迁徙本已难以置信,而关于迁徙路线的问题更使事实扑朔迷离。在很长一段时间里，秋季在加拿大东部和美国出生的蝴蝶从雷达屏幕上消失了。人们不知道它们在哪里过冬：加利福尼亚还是墨西哥？答案是，两地都是。[59] 而解开这个谜题仍需利用追踪者们的视觉、好奇心和推理能力。研究员卡伦·奥伯豪斯（Karen Oberhauser）是组织者之一。她提议对明尼苏达州马利筋上的帝王斑蝶幼虫进行参与式监测。2015 年，她提出疑问：参与观察的公众是否会因此参与到其他保护生物多样性的具体行动中去呢？

在与研究人员伊娃·莱万多夫斯基（Eva Lewandowski）合著的研究报告中[60]，卡伦·奥伯豪斯表示，大多数志愿者至少参与了一项实际的保护行动：减少使用除草剂和杀虫剂，种植有利于传粉者的当地野生物种。最重要的是，他们在谈论所进行的观察行动。

观察的人数越多，就越能具体地"帮助"被观察的物种。此外，观察者之间的联系及其组成的社区也有助于提升对蝴蝶的帮助。

✽

在生命中体悟生命

"多样性是生活的调味品吗？"关于物种丰富度影响自我心理健康的实验性调查[61]，研究人员改变了不同视

频中的物种数量。在第一项研究中，志愿者被要求观察
1—4 个树种（橡树、红杉、云杉和柳树），时间超过 1
分钟。不出所料，观察 4 个物种的混合视频减少了焦虑，
增加了良好的情绪。第二项研究更有趣，研究人员在播
放短片前提供了吸引人注意力的有关信息。此外，研究
人员还测试了鸟类物种多样性和具有城市特征的事物
（如公共汽车、交通标志等）对 264 位参与试验者的幸福
所产生的影响。

"你知道吗，如果一只树雀在孵化后的一段时间内未
能接触成年雄鸟的鸣叫，它将永远无法正确学会这种鸣
叫。"这是参与者在观看几段雀鸟的视频之前所阅读的文
本类型。在参与试验者想象"丰富的生物多样性"时，
他们阅读了关于家养知更鸟、树上雀、家养麻雀、音乐
鸫和捕蝇鸟的五种材料。而接触城市事物多样性的人则
了解到公共汽车是拉丁语 omnibus 一词的简称。它于
1819—1820 年作为"voiture omnibus"出现在巴黎，意
思是"所有人的马车"。

实验由于每组人再次细分为两小组而变得更为复杂：
一部分参与者了解轶事，另一部分的人却没有。结果是：
阅读过鸟类相关信息文本的人在观看五种鸟类的视频后
会更明显地减少焦虑。若未阅读相关资料，观察单一物
种就如同观看路标和公交车一样。一般而言，注意多个
物种能有效增加活力和能量。研究人员甚至谈到活性

（aliveness），感受活着。

多样性促成多种组合的惊讶艺术，即对运动中的世界感到惊奇。阿克·福尔默（Akke Folmer）及其同事研究荷兰绿地的步行者如何与自然产生特殊联系，他们遇见了阿斯特里德（Astrid），后者告诉研究人员自己有一种"在剧场里的感觉[62]"。英国研究人员苏珊娜·科廷（Susanna Curtin）研究旅行中与野生动物相遇的心理益处时发现动植物及其行为是一种深刻生动的艺术创作的核心所在，内含合唱团、交响乐、疯狂或令人惊讶的舞蹈表演。这不正是导演雅克·佩兰（Jacques Perrin）、雅克·克鲁佐（Jacques Cluzaud）与米歇尔·德巴茨（Michel Debats）在《移民》（*Le Peuple migrateur*）中上演的内容吗？尤其是日本鹤跳芭蕾舞那一小节。或者在《海洋》（*Océans*）中，甘尼特角、鲸鱼、鲨鱼与海豚潜入旋转的沙丁鱼群中心的情节。

苏珊娜·科廷说："人认识到体验的魔力，它难以用语言表达[63]"，而这种失语的现象尚未得到科学的研究。苏珊娜随后引用伊尔莎·莫尔莫格（Ilse Modelmog）与奇拉·布尔贝克（Chilla Bulbeck）的论述，后者认为人与自然的关系是一种"亲密的交流"，在这种交流中，"人无话可说[64]"。她认为"这是一个不可描述的、神秘的、令人愉快的'他者'"。"生活瞬间的联系成为此刻唯一的语言。"在加利福尼亚湾进行观鲸旅行的游客塔尼娅同意此观点，"这是一种感觉，你感受到一种幸福感与积极的震荡，你不了解这些情绪，但会感到非常高兴。这是一种强烈的体验"。[65]

当我读到上述评价时，想起那段城市经历：一片干枯的梧桐叶在汽车挡风玻璃上跳着微妙的芭蕾舞。这片脆弱的叶子看起来什么也不像，但它让我陷入沉默，陷入研究的关键所在，一则有待发现与分享的故事。自然经验灭绝的抵抗者与自然多样性的观察者在城市、森林和乡村到处开展工作。在日常生活中，我们无须跨越海洋就能为身边的生命感到惊奇，只需动用目光与感官。我们每个人都可以潜心研究个人史，或利用树木、鸟类、植物、动物、天空、星星，甚至石头创造一段丰富多彩的新历史。允许自己被最普通的事物打动，不再低估林间散步带给我们的益处。

惊叹也是一种科学的情绪[66]。我们每个人都可以成为追踪者。

后记

我们欢笑，我们敬酒，伤者离我们远去。

伤痕累累的人；我们应该为他们活着，因为活着，

就是要知道在黑暗的海洋中

生命的每一刻都是金色的光芒，就是要知道说谢谢。[1]

——程抱一

"这是一个属于城市的词语——自然。你对它的印象十分模糊，甚至它的名字也十分抽象。在这里（山里），我们谈论树林、草地、溪流、岩石。我们可以用手指指出的事物非常多。这些是我们可以利用的事物。对于我们无法利用的事物，我们便懒得为它找一个名字，因为它们是无用的。"[2]

这段引文同样提醒着我们，在城市里，大多数人对自然科学一窍不通，在其他地方也是如此，譬如在"自

然"的中心，人也只见其用途。这句从小说里摘录的话具有科学依据。由于人类低估了生物多样性的好处，我们在为自己创造生活空间时，其中的植物、昆虫、鸟类和土壤中的生物大大减少，其数量的匮乏反映到词汇上，便出现"无名"现象。以我自己为例，当我写下"鸟"这个词时，我失去了黑鸟、乐鸫、大山雀、蓝山雀、岩鸽、木鸽、知更鸟等词。当然，用一句话来命名城市里的各类物种很困难，但我们在日常语言中又有多少次听到鸟的具体名字？这有什么意义？有人可能会提出反驳。他们属于第二类人，即在知晓物种的名字前询问其实用性。若无效用，又何必为其担忧和烦恼呢？在这种奇怪的功利主义概念之内，没有什么是有价值的，这一观点似乎在西方文化中早已根深蒂固。

*

打破情感冰河期

中国画家洪凌笔下的森林与山脉恢宏壮阔，四季都闪烁着光芒，"如今人类以冷漠的心看待自然"。[3] 我们开始进入"情感冰河时代"。继笛卡尔以来，理性世界将感性世界排斥一旁。直至 21 世纪初，感性才借由心理学重回人们的视野。心理学家在研究数代人后表示，暴力呈现下降的趋势，而另一些心理学研究者则重拾查尔斯·

达尔文对合作重要性的相关论述，认为影响人类生存的合作包括快乐、自豪、有趣、兴趣、宁静、希望、感激、启发、惊叹与爱等互惠的正向情绪的必要结合。在出现争吵、愤怒或怨恨后，宽恕或握手言反而能令破碎的关系得到和解与更新，为人们带来解脱。[4] 研究人员在数学模型的帮助下已证实，处在人口密集环境中的个体在发生争吵后若能表现出更多的宽恕行为，就能继续与他人维持合作。[5] 在人口愈加密集的 21 世纪，上述研究有助于我们思考个人情绪及主观应变，从而应对数量不断增加的交往对象。

＊

传递好消息

情绪研究的复兴使一些心理学研究者意识到，可以在某人身体健康，或者等其健康状态超越平均水准时展开研究。

针对"更快乐"的人的研究表明，他们在日常生活中体验到更多的正向情绪。研究人员旨在提出提高正向情绪的方法，或者在有需要的情况下，以治疗的形式达到目的。此类"正向心理学"具有革命性意义，它与人倾向于强调的事物背道而驰：哪里出问题？哪里存在困难？史蒂芬·平克写道："从未有人在宣布事情好转之际为一项事业招募新的合作者，闭口不谈好消息似乎成为一种习惯，以免自满的情绪膨胀。"[6] 逆风而行比利用风的力量前行更容易被想象。但正如帆船比赛的领航员一样，利用风向不啻为有利可图。我们对处于良好健康状态的身体了解多少？处于发烧或疼痛中的身体唤醒了照顾自己的需要。上述可用信息被唤醒后自发印在记忆中。而健康的身体却无法提供任何可用信息来储存在大脑当中。研究人员萨伊·达维泰（Shai Davidai）与托马斯·吉洛维奇（Thomas Gilovich）解释道，该偏差阻碍了感激情绪的产生。[7] 其实处于正向情绪中的身体同样可以让我们照顾好自己。通过正向情绪"善待自己"会对身体产生反馈，随着时间推移，身体生病的概率也会减少。

✻

扩展良性循环

其他领域同样无法忽视心理学研究所证明的良性循环。规模问题当然需要被考虑在内，该循环可在个人层面发挥作用，但现已证明慷慨可以被传递[8]，合作也可以通过人类的互动网络得到传递。[9] 一项正向行动会对网络产生三层影响，从一个人传给另一个人，再传给下一个人。这显然也适用于负面行动。但每一次的善良、同情心与慷慨都会对人所在的循环圈产生影响。史蒂芬·平克经常提及哲学家彼得·辛格（Peter Singer）的理论：对亲人与盟友的同情内核会逐渐扩展到更广泛的交际圈。[10] 由此我们可推断得出，善待自己就是善待他人。

情绪是人类与其他物种的共同遗产。我们可以自由地袒露它，用语言述说与表达，接近它并更从容地掌握它。正如一路追踪动物的过去或某类现象的痕迹，心理学家主张成为自我的"追踪者"，致力于寻找为我们带来笑容并带领我们走向乐观与自信的种种迹象，如一名大自然的观察员一般，带领我们走向真正的自我，在改变我们与生物多样性的关系的同时，更有效地应对持久的痛苦和烦扰。

我已证明合作将得到巩固，而适应力的建立在多样反应下也将更为迅速。从细菌到人类，从一些人到其他人，从人到其他生物，世界总是处于相互影响之中。为吸取经验，是时候破译这些相互作用所产生的互利的秘密了，这与卡波·普尔莫村的故事如出一辙。当然，观察一个混乱的、正在恶化的生活世界以求拯救它不啻为一种方法。但对每种情境中做法较佳的一方进行观察亦是一种途径。后者因其蔓延性更具希望。研究人员发现，若大约10%的人相信一种新观点，那么这一观点将很快为社会大众所采纳。[11]

✱

培养正向情绪

研究表明，人类低估了生命多样性的诸多好处。让我们把树木和其他种类的植物带回城市吧：这将有助于建立和谐的关系，也有益于相互间的合作。[12] 在农村，享乐主义式的适应已构成一种威胁，特别是当我们不再考虑日常所见的美与多样性时。惊叹是一种需要培养的情感，感激亦是如此。我们可以学会或重新学会感激。[13] "道一声感谢"以不同的方式概念化：既可以是对人或动物的善意，也可以是一种趋向赞赏的心情（美好的一天），抑或是一种对他人与世界进行赞赏的人的特征。培养感激之情能显著改善人际关系、身体及道德健康。[14]

在日常生活中，我们对野生世界能产生怎样的感激之情呢？它又能给我们带来什么回报？

正如人类学家蒂姆·英戈尔德建议的，现在到了学习"感知世界"的时候。而这种感知可以揭开诸多惊喜。

欧洲多地普遍相信灰鹃（Cuculus canorus）鸟鸣（"布谷"）的重复次数与人的寿命有关。研究人员在丹麦北部就农民寿命、农场规模、生物多样性、鸟的存在及其鸣叫声中"布谷"的数量对上述看似可能性低的假设进行了有趣实验。事实证明，农民寿命与农场规模、

"布谷"数量成正相关。鸣叫越多样，鸟的种类就越丰富。原因在于布谷鸟是一种寄生物种，它选择在其他鸟类的巢中产卵。鸟类越多，便有更多的布谷鸟寄生在其巢中。由此一来，布谷鸟的存在可视作当地鸟类多样性的显著指标。结果表明，农民的寿命与健康同布谷鸟鸣叫有相当的关联，也间接提示了生物的多样性。[15]

生物多样性有助于唤醒我们作为追踪者的好奇心，它"对某些事物有益"，帮助我们保持活力与警惕。这将是扩展良性循环的好起点。

注释

序言

1. Michel Onfray, *Cosmos*, Flammarion, 2015, p. 488.

2. Michelle N. Shiota, Dacher Keltner et Amanda Mossman, "The nature of awe: elicitors, appraisals, and effects on self-concept," *Cognition and Emotion*, vol. XXI, n° 5, 2007, p. 944 – 963.

3. Christophe André, Jon Kabat-Zinn, Pierre Rabhi et Matthieu Ricard, *Se changer, changer le monde*, J'ai lu, 2015.

4. Elizabeth K. Nisbet et John M. Zelenski, "Underestimating nearby nature: affective forecasting errors obscure the happy path to sustainability", *Psychological Sciences*, vol. XXII, n°9, septembre2011, p. 1101 – 1106.

5. Andreas M. Krafft, Pasqualina Perrig-Chiello et Andreas M. Walker (dir.), *Hope for a Good Life: Results of the Hope-Barometer International Research Program*, Springer, 2018.

第一部分

第一章　关系史

1. Jean Dorst, *Avant que nature meure*, Delachaux et
   Niestlé, 1965.

2. Lisa Garnier (dir.), *Entre l'homme et la nature, une
   démarche pour des relations durables*, Réserves de
   biosphère, notes techniques 3, Unesco, Paris, 2008.

3. Données du suivi temporel des oiseaux communs (STOC),
   MNHN.

4. Callum M. Roberts, Bethan C. O'Leary, Douglas J.
   McCauley, Philippe Maurice Cury, Carlos M. Duarte, Jane
   Lubchenco, Daniel Pauly, Andrea Sáenz-Arroyo, Ussif
   Rashid Sumaila, Rod W. Wilson, Boris Worm et Juan
   Carlos Castilla, "Marine reserves can mitigate and promote
   adaptation to climate change", *P.NAS*, vol. CXIV, n° 24,
   juin 2017, p. 6167 – 6175.

5. Gretchen Vogel, "Where have all the insect gone?", *Science*,
   10 mai 2017, http://www. sciencemag. org/news/2017/
   05/where-have-all-in-sects-gone; Caspar A. Hallmann,
   Martin Sorg, Eelke Jongejans, Henk Siepel, Nick Hofland,
   Heinz Schwan, Werner Stenmans, Andreas Müller, Hubert
   Sumser, Thomas Hörren, Dave Goulson et Hans de Kroon,
   "More than 75 percent decline over 27 years in total flying
   insect biomass in protected areas", *PLoS ONE*, vol. XII, n°
   10, 18 octobre 2017.

6. R. W. Kates, B. L. Turner et W. C. Clark, "The great
   transformation", p. 1 – 17, *in* B. L. Turner, W. C. Clark,

R. W. Kates, J. F. Richards, J. T. Mathews et B. Meyer (dir.), *The Earth as Transformed by Human Action*, Cambridge University Press, 1990.

7. Jennifer L. Lavers et Alexander L. Bond, "Exceptional and rapid accumulation of anthropogenic debris on one of the world's most remote and pristine islands", *PNAS*, vol. CXIV, n° 23, juin 2017, p. 6052 - 6055.

8. Robert Barbault, *Un éléphant dans un jeu de quilles*, Seuil, 2006.

9. Clark L. Erickson, "Amazonia: the historical ecology of a domesticated landscape", *in* Helaine Silverman et William H. Isbell (dir.), *Handbook of South American Archaeology*, Springer, 2008, p. 157 - 183.

10. Katherine J. Willis, Lindsey Gillson et Terry M. Brncic, "How «virgin» is virgin rainforest?", *Science*, vol. CCCIV, 16 avril 2004, p. 402 - 403.

11. Gerardo Ceballos, Paul R. Ehrlichb et Rodolfo Dirzo, "Biological annihilation via the ongoing sixth mass extinction signaled by vertebrate population losses and declines", *PNAS*, vol. CXIV, no 30, 25 juillet 2017, p. E6089 - E6096.

12. Peter M. Vitousek, Harold A. Mooney, Jane Lubchenco et Jerry M. Melillo, "Human domination of Earth's ecosystems", *Science*, vol. CCLXXVII, no. 5325, 25 juillet 1997, p. 494 - 499.

13. Susan D. Clayton et Carol D. Saunders, *The Oxford Handbook of Environmental and Conservation Psychology*, Oxford University Press, 2012.

14. http://unesdoc. unesco. org/images/0006/000634/063438 eo. pdf

15. https://data. worldbank. org/indicator/SP. URB. TOTL. IN. ZS

16. Mirilia Bonnes et Marino Bonaiuto, " Environmental psychology. From spatial-physical environment to sustainable development", in Robert B. Bechtel et Arza Churchman (dir.), *Handbook of Environmental Psychology*, Wiley, 2002, p. 28 – 55.

17. http://unesdoc. unesco. org/images/0015/001584/158417f. pdf

18. http://www. unesco. org/new/en/natural-sciences/environm ent/ecological-sciences/

19. David Bryce Yaden, Jonathan Iwry, Kelley Slack, Johannes C. Eichstaedt, Yukun Zhao, George E. Vaillant et Andrew Newberg, "The overview effect: awe and self-transcendent experience in space flight", *Psychology of Consciousness: Theory, Research, and Practice*, vol. III, n° 1, mars 2016, p. 1 – 11.

20. Bonni Cohen et Jon Shenk, Une suite qui dérange: le temps de l'action, Paramount Pictures France, 2017.

21. James E. Lovelock et Lynn Margulis, " Atmospheric homeostasis by and for the biosphere: the Gaia hypothesis", Tellus, vol. XXVI, 1974, p. 2 – 10; James E. Lovelock, "The living Earth", Nature, vol. CDXXVI, 2003, p. 769 – 770.

22. Theodore Roszak, "Where Psyche meets Gaia", *in* Theodore

Roszak, Mary E. Gomes et Allen D. Kanner (dir.), *Ecopsychology: Restoring the Earth, Healing the Mind*, Counterpoint, 1995, p. 5.

23. Miles Thompson, "Reviewing ecopsychology research: exploring five databases and considering the future", *Ecopsychology*, vol. I, n° 1, 2009, p. 32 – 37.

24. Michael E. Soulé et Bruce A. Wilcox, *Conservation Biology: an Evolutionary-ecological perspective*, Sinauer Associates, 1980.

25. Richard T. Corlett et David A. Westcott, "Will plant movements keep up with climate change?", Trends in Ecology and Evolution, vol. XXVIII, no. 8, 2013, p. 1 – 7.

26. Vincent Devictor, Chris Van Swaay, Tom Brereton, Lluís Brotons, Dan Chamberlain, Janne Heliölä, Sergi Herrando, Romain Julliard, Mikko Kuussaari, Åke Lindström, Jiří Reif, David B. Roy, Oliver Schweiger, Josef Settele, Constantí Stefanescu, Arco Van Strien, Chris Van Turnhout, Zdeněk Vermouzek, Michiel Wallis De Vries, Irma Wynho et Frédéric Jiguet, "Differences in the climatic debts of birds and butterflies at a continental scale", *Nature Climate Change*, vol. II, 8 janvier 2012, p. 121 – 124.

27. Susan Clayton et Gene Myers, *Conservation Psychology, Under-standing and Promoting Human Care for Nature*, 2ᵉ édition, John Wiley & Sons Ltd, 2015.

28. Emma Broadbent, John Gougoulis, Nicole Lui, Vikas Pota et Jonathan Simons, *Generation Z: Global Citizenship Survey. What the World's Young People Think and Feel*, Varkey

Foundation, janvier 2017; "Emerging and developing economies much more optimistic than rich countries about the future", *Pew Research Center*, 9 octobre 2014.

29. Martin E. P. Seligman et Mihály Csíkszentmihályi, "Positive psychology: an introduction", *American Psychologist*, vol. LV, n° 1, 2000, p. 5 – 14.

30. *Ibid.*

31. *Ibid.*

32. Yuval Noah Harari, *Homo deus. Une brève histoire du futur*, Albin Michel, 2017.

33. Shigehiro Oishi, Ed Diener, Dong-Won Choi, Chu Kim-Prieto et Incheol Choi, "The dynamics of daily events and well-being across cultures: when less is more", *Journal of Personality and Social Psychology*, vol. XCIII, n° 4, novembre 2007, p. 685 – 698.

34. Barbara L. Fredrickson, "The broaden-and-build theory of positive emotions", *Philosophical Transactions of the Royal Society*, vol. CCCLIX, 17 août 2004, p. 1367 – 1378; Anne M. Conway, Michele M. Tugade, Lahnna I. Catalino et Barbara L. Fredrickson, "The broaden-and-build theory of positive emotions: form, function, and mechanisms", *The Ox-ford Handbook of Happiness*, 2013, p. 17 – 34.

35. Charles Darwin, *The Expression of the Emotions in Man and Animals*, John Murray, 1872, p. 273 [*L'Expression des émotions chez l'homme et les animaux*, Rivages, 2001].

36. *Ibid.*, p. 366.

37. Marcello Siniscalchi, Rita Lusito, Giorgio Vallortigara et

Angelo Quaranta, "Seeing left- or right-asymmetric tail wagging produces di erent emotional responses in dogs", *Current Biology*, vol. XXIII, n° 22, 18 novembre 2013, p. 2279 – 2282.

38. Marcello Siniscalchi, Serenella d'Ingeo, Serena Fornelli et Angelo Quaranta, "Lateralized behavior and cardiac activity of dogs in response to human emotional vocalizations", *Scientific Reports*, vol. VIII, n° 77, 2018.

39. Christian Nawroth, Natalia Albuquerque, Carine Savalli, Marie-Sophie Single et Alan G. McElligott, "Goats prefer positive human emotional facial expressions", *Royal Society Open Science*, vol. V, n° 8, 29 août 2018.

40. Clint J. Perry, Luigi Baciadonna et Lars Chittka, "Unexpected rewards induce dopamine-dependent positive emotion-like state changes in bumblebees", *Science*, vol. CCCLIII, n° 6307, 2016, p. 1529 – 1531; Clint J. Perry et Luigi Baciadonna, "Studying emotion in invertebrates: what has been done, what can be measured and what they can provide", *Journal of Experimental Biology*, vol. CCXX, 2017, p. 3856 – 3868.

41. Charles Darwin, *The Descent of Man, and Selection in Relation to Sex*, Appleton & Co., 1871; Paul Ekman, *JAMA*, vol. CCCIII, n° 6, 10 février 2010, p. 557 – 558.

42. Bernard Rimé, "L'émergence des émotions dans les sciences psy-chologiques", *L'Atelier du Centre de recherches historiques* [en ligne], vol. XVI, 2016.

43. Jennifer A. Bartz, Jamil Zaki, Niall Bolger et Kevin N.

Ochsner, "Social effects of oxytocin in humans: context and person matter", *Trends in Cognitive Sciences*, vol. XV, n° 7, juillet 2011, p. 301 - 309.

44. Lin W. Hung, Sophie Neuner, Jai S. Polepalli, Kevin T. Beier, Mat-thew Wright, Jessica J. Walsh, Eastman M. Lewis, Liqun Luo, Karl Deisseroth, Gül Dölen et Robert C. Malenka, "Gating of social reward by oxytocin in the ventral tegmental area", *Science*, vol. CCCLVII, n° 6358, 29 septembre 2017, p. 1406 - 1411.

45. Hugo Mercier et Jean-Baptiste Van Der Henst, "Psychologie évolutionniste", *in* Jean-Yves Baudouin (dir.), *Psychologie cognitive*-tome 1: *L'Adulte*, Breal, 2007.

46. Dacher Keltner, Jason Marsh et Jeremy Adam Smith (éd.), *The Compassionate Instinct. The Science of Human Goodness*, W. W. Norton & Compagny, 2010.

47. Emiliana R. Simon-Thomas, Dacher J. Keltner, Disa Sauter, Lara Sini-cropi-Yao et Anna Abramson, "The voice conveys specific emotions: evi-dence from vocal burst displays", *Emotion*, vol. 9, no. 6, 2009, p. 838 - 846.

48. Daniel T. Cordaro, Rui Sun, Dacher Keltner, Shanmukh Kamble, Niranjan Huddar et Galen McNeil, "Universals and cultural variations in 22 emotional expressions across five cultures", *Emotion*, vol. XVIII, no. 1, 12 juin 2017, p. 75 - 93.

49. Dacher Keltner, *The Power Paradox*, Penguin Press, 2016.

50. Jean Claude Ameisen, "L'illusion de la fin de l'histoire", *Sur les épaules de Darwin*, France Inter, 2017. https://www.

franceinter. fr/emissions/sur-les-epaules-de-darwin/sur-les-epaules-de-darwin-15-avril-2017

51. Giacomo Rizzolatti et Laila Craighero, "The mirror-neuron system", *Annual Review of Neuroscience*, vol. XXVII, 2004, p. 169 – 192.

52. Sourya Acharya et Samarth Shukla, "Mirror neurons: enigma of the metaphysical modular brain", *Journal of Natural Science, Biology and Medecine*, vol. III, no. 2, 2012, p. 118 – 124; Hyeonjin Jeon et Seung-Hwan Lee, "From neurons to social beings: short review of the mirror neuron system research and its socio-psychological and psychiatric im-plications", *Clinical Psychopharmacology and Neuroscience*, vol. XVI, n° 1, 2018, p. 18 – 31.

53. https://www. edx. org/course/the-science-of-happiness

54. Matthew J. Hertenstein, Rachel Holmes, Margaret McCullough et Dacher Keltner, "The communication of emotion via touch", *Emotion*, vol. IX, n° 4, 2009, p. 566 – 573.

55. Alberto Gallace et Charles Spence, *In Touch with the Future: The Sense of Touch from Cognitive Neuroscience to Virtual Reality*, Oxford University Press, 2014.

56. Ed Diener et Martin E. P. Seligman, "Very happy people", *Psycholo-gical Science*, vol. XIII, n° 1, 2002.

57. Daniel Kahneman, Alan B. Krueger, David A. Schkade, Norbert Schwarz et Arthur A. Stone, "A survey method for characterizing daily life experience: the day reconstruction method", *Science*, vol. CCCVI, n° 5702, 3 décembre 2004,

p. 1776 – 1780.

58. Mihály Csíkszentmihályi et Jeremy Hunter, "Happiness in everyday life", *Journal of Happiness Studies*, vol. IV, n° 2, 2003, p. 185 – 199.

59. OCDE, *Du bien-être des nations: le rôle du capital humain et social*, 2001.

60. Louis Cozolino, *The Neuroscience of Human Relationships: Attachment and the Developing Social Brain*, 2ᵉ édition, Norton Series on Inter-personal Neurobiology, 2014.

61. Julianne Holt-Lunstad, Timothy B. Smith et J. Bradley Layton, "Social relationships and mortality risk: a meta-analytic review", *PLoS Medicine*, vol. VII, n° 7, 2010; Elizabeth Page-Gould, Rodolfo Mendoza-Denton et Linda R. Tropp, "With a little help from my cross-group friend: reducing anxiety in intergroup contexts through cross-group friendship", *Journal of Personality and Social Psychology*, vol. CLV, n° 5, 2008, p. 1080 – 1094.

62. Naomi I. Eisenberger, Matthew D. Lieberman et Kipling D. Wil-liams, "Does rejection hurt? An fMRI study of social exclusion", *Science*, vol. CCCII, n° 5643, 10 octobre 2003, p. 290 – 292.

63. David A. Kim, Emelia J. Benjamin, James H. Fowler et Nicholas A. Christakis, "Social connectedness is associated with fibrinogen level in a human social network", *Proceedings of the Royal Society*, vol. CCXXXIII, n° 1837, 2016.

64. https://www. fedecardio. org/La-Federation-Francaise-de-

Cardio-logie/Presse/rupture-sentimentale％ E2％ 80％ A6-attention-au-syn-drome-du-coeur-brise

65. Roger S. Ulrich, "View through a window may influence recovery from surgery", *Science*, vol. CCXXIV, n° 4647, 27 avril 1984, p. 420 – 421.

66. Edward O. Wilson, *Biophilie*, éditions Corti, 2012, p. 9 – 10.

67. *Ibid.*, p. 9.

68. https://www.millenniumassessment.org/fr/index.html

69. Paul K. Piff, Irvine Pia Dietze, Matthew Feinberg, Daniel M. Stancato et Dacher Keltner, "Awe, the small self, and prosocial behavior", *Journal of Personality and Social Psychology*, vol. CVIII, n° 6, juin 2015, p. 883 – 899.

70. Dacher Keltner et Jonathan Haidt, "Approaching awe, a moral, spi-ritual, and aesthetic emotion", *Cognition and Emotion*, vol. XVII, n° 2, 2003, p. 297 – 314; Russell Spears, Colin Leach, Martijn Van Zomeren, Alexa Ispas, Joseph Sweetman et Nicole Tausch, "Intergroup emotions: more than the sum of the parts", p. 121 – 145, *in* Ivan Nyklíček, Ad Vingerhoets et Marcel Zeelenberg (dir.), *Emotion Regulation and Well-Being*, Springer, 2011.

71. Paul K. Piff, Irvine Pia Dietze, Matthew Feinberg, Daniel M. Stancato et Dacher Keltner, "Awe, the small self, and prosocial behavior", *op. cit.*

第二章　适应史

1. Susan Folkman, "Personal control and stress and coping

processes: a theoretical analysis", *Journal of Personality and Social Psychology*, vol. XLVI, n° 4, 1984, p. 839 – 852; Ellen A. Skinner et Melanie J. Zimmer-Gembeck, "Perceived control and the development of coping", in *The Oxford Handbook of Stress, Health, and Coping*, Oxford University Press, 2011.

2. Giec, *Gestion des risques de catastrophes et de phénomènes extrêmes pour les besoins de l'adaptation au changement climatique*, rapport spécial, 2012.

3. Masami Fujiwara et Takenori Takada, *Environmental Stochasticity*, John Wiley & Sons, 2017.

4. Lisa K. M. Garnier et Isabelle Dajoz, "The influence of fire on the demography of a dominant grass species of West African savannas, *Hyparrhenia diplandra*", *Journal of Ecology*, vol. LXXXIX, n° 2, 2001, p. 200 – 208.

5. Lisa K. M. Garnier, Jacques Durand et Isabelle Dajoz, "Limited seed dispersal and microspatial population structure of an agamospermous grass of West African savannahs, *Hyparrhenia diplandra* (Poaceae)", *American Journal of Botany*, vol. LXXXIX, n° 11, novembre 2002, p. 1785 – 1791.

6. Crawford Stanley Holling, " Resilience and stability of ecological sys-tems", *Annual Review of Ecology and Systematics*, vol. IV, 1973, p. 1 – 23.

7. Robert Barbault, *Un éléphant dans un jeu de quilles*, *op. cit.* , p. 85.

8. Mirilia Bonnes et Giuseppe Carrus, " Environmental

psychology, overview", *in* John Stein (dir.), *Reference Module in Neuroscience and Behavioral Psychology*, Elsevier, 2017, p. 1 – 14.

9. Robert W. White, "Motivation reconsidered: the concept of competence", *Psychological Review*, vol. LXVI, n° 5, 1959, p. 297 – 333.

10. Ellen A. Skinner et Melanie J. Zimmer-Gembeck, "Perceived control and the development of coping", *op. cit.*

11. *Ibid.*

12. Nicole Hochner, "Le corps social à l'origine de l'invention du mot « émotion »", *L'Atelier du Centre de recherches historiques* [en ligne], 2016.

13. *Ibid.*

14. Ellen A. Skinner et Melanie J. Zimmer-Gembeck, *op. cit.*

15. Boris Cyrulnik et Gérard Jorland, *Résilience. Connaissances de base*, Odile Jacob, 2012.

16. Boris Cyrulnik, *La Grande Librairie*, 14 septembre 2017, France 5.

17. Crawford Stanley Holling, "Resilience and stability of ecological systems", *op. cit.*

18. Julian D. Olden, N. LeRoy Poff, Marlis R. Douglas, Michael E. Dou-glas et Kurt D. Fausch, "Ecological and evolutionary consequences of biotic homogenization", *Trends in Ecology and Evolution*, vol. XIX, n° 1, janvier 2004, p. 18 – 24.

19. Julian D. Olden, Lise Comte et Xingli Giam, "The Homogocene: a research prospectus for the study of biotic

homogenization", *Neobiota*, vol. XXXVII, 6 mars 2018, p. 23 - 36.

20. Ian Thompson, Brendan Mackey, Steven McNulty et Alex Mosse-ler, *Forest Resilience, Biodiversity, and Climate Change. A synthesis of the Biodiversity/Resilience/Stability Relationship in Forest Ecosystems*, Secre-tariat of the Convention on Biological Diversity, Technical Series, n° 43, 2009 ; https://pdfs.semanticscholar.org/4b01/a1a24ef80d4 a6e71e-7267ca91cc64478aed2.pdf.

21. J. Emmett Duffy, Jonathan S. Lefcheck, Rick D. Stuart-Smith, Sergio A. Navarrete et Graham J. Edgar, "Biodiversity enhances reef fish biomass and resistance to climate change", *PNAS*, vol. CXIII, n° 22, 31 mai 2016, p. 6230 - 6235.

22. Kirsty L. Nash, Nicholas A. J. Graham, Simon Jennings, Shaun K. Wilson et David R. Bellwood, "Herbivore cross-scale redundancy sup-ports response diversity and promotes coral reef resilience", *Journal of Applied Ecology*, vol. LIII, n° 3, 2016, p. 646 - 655.

23. Thorsten B. H. Reusch, Anneli Ehlers, August Hämmerli et Boris Worm, "Ecosystem recovery after climatic extremes enhanced by ge-notypic diversity", *PNAS*, vol. CII, n° 8, 22 février 2005, p. 2826 - 2831.

24. Jordan S. Rosenfeld, "Functional redundancy in ecology and conservation", *OIKOS*, vol. XCVIII, n° 1, 2002, p. 156 - 162.

25. Catherine A. Lozupone, Jesse I. Stombaugh, Jeffrey I.

Gordon, Janet K. Jansson et Rob Knight, "Diversity, stability and resilience of the human gut microbiota", *Nature*, vol. CDLXXXIX, n° 7415, 2012, p. 220 – 230.

26. Neil Adger, "Social and ecological resilience: are they related?", *Progress in Human Geography*, vol. XXIV, n° 3, 2000, p. 347 – 364.

27. Fikret Berkes et Carl Folke, *Linking Social and Ecological Systems: Management Practices and Social Mechanisms for Building Resilience*, Cambridge University Press, 2012.

28. Raphaël Mathevet et François Bousquet, *Résilience & Environne-ment*, Buchet-Chastel, 2014, p. 66.

29. *Ibid.*, p. 11.

30. Carl Folke, "Resilience", *Ecology and Society*, vol. XXI, n° 4, 2016, p. 44.

31. Barbara L. Fredrickson, "The broaden-and-build theory of positive emotions", p. 217 – 238, *in* Felicia A. Huppert, Nick Baylis et Barry Keverne (dir.), *The Science of Well-Being*, Oxford University Press, 2005.

32. Barbara L. Fredrickson, Michele M. Tugade, Christian E. Waugh et Gregory R. Larkin, "What good are positive emotions in crises? A prospective study of resilience and emotions following the terrorist attacks on the United States on September 11th, 2001", *Journal of Personality and Social Psychology*, vol. LXXXIV, n° 2, février 2003, p. 365 – 376.

33. Barbara L. Fredrickson, "The broaden-and-build theory of positive emotions", *op. cit.* ; Barbara L. Fredrickson,

"Positive emotions broaden and build", *in* Patricia Devine et Ashby Plant (dir.), *Advances in Experimental Social Psychology*, vol. XLVII, Burlington Academic Press, 2013, p. 1 – 53.

34. Barbara L. Fredrickson, Roberta A. Mancuso, Christine Branigan et Michele M. Tugade, "The undoing effect of positive emotions", *Motiva-tion and Emotion*, vol. XXIV, n° 4, 2000, p. 237 – 258.

35. Barbara L. Fredrickson, Michele M. Tugade, Christian E. Waugh et Gregory R. Larkin, "What good are positive emotions in crises? A prospective study of resilience and emotions following the terrorist attacks on the United States on September 11th, 2001", *op. cit.*

36. Anne S. Masten, "Ordinary magic. Resilience processes in development", *American Psychologist*, vol. LVI, no. 3, 2001, p. 227 – 238.

37. George A. Bonanno, "Loss, trauma, and human resilience: have we underestimated the human capacity to thrive after extremely aversive events?", *American Psychologist*, vol. LIX, n° 1, janvier 2004, p. 20 – 28.

38. Cheryl Strayed, *Wild*, Alfred A. Knopf, 2012.

39. George A. Bonanno, "Loss, trauma, and human resilience: have we underestimated the human capacity to thrive after extremely aversive events?", *op. cit.*

40. Michele M. Tugade, Barbara L. Fredrickson et Lisa Feldman Barrett, "Psychological resilience and positive emotional granularity: exa-mining the benefits of positive emotions on

coping and health", *Journal of Personality*, vol. LXXII, n°
6, décembre 2004, p. 1161 – 1190.

41. Leslie D. Kirby, Michele M. Tugade, Jannay Morrow,
Anthony H. Ahrens et Craig A. Smith, "Vive la différence:
the ability to di erentiate positive emotional experience and
well-being", *in* Michele M. Tugade, Michelle N. Shiota et
Leslie D. Kirby, *Handbook of Positive Emotions*, Guilford
Press, 2014.

42. Jordi Quoidbach, June Gruber, Moïra Mikolajczak,
Alexsandr Kogan, Ilios Kotsou et Michael I. Norton,
"Emodiversity and the emotional ecosystem", *Journal of
Experimental Psychology: General*, vol. CXLIII, n° 6,
décembre 2014, p. 2057 – 2066.

43. *Ibid.*

44. *Ibid.*

45. Alan Cowen et Dacher Keltner, "Self-report captures 27 dis-
tinct categories of emotion bridged by continuous gradients",
PNAS, vol. CXIV, n° 38, 19 septembre 2017, p. E7900 –
E7909.

46. Pete Docter et Ronaldo Del Carmen, *Vice Versa*, The Walt
Disney Company France, 2015.

47. Anthony D. Ong, Lizbeth Benson, Alex J. Zautra et Nilam
Ram, "Emodiversity and biomarkers of inflammation",
Emotion, vol. XVIII, n° 1, 2018, p. 3 – 14.

第三章　合作史

1. Roy F. Baumeister, Ellen Bratslavsky, Catrin Finkenauer et

Kathleen D. Vohs, "Bad is stronger than good", *Review of General Psychology*, vol. V, n° 4, 2001, p. 323 – 370.

2. Steven Pinker, *La Part d'ange en nous. Histoire de la violence et de son déclin*, Les Arènes, 2017, p. 12.

3. Steven Spielberg, *Les Dents de la mer*, CIC, 1975.

4. Mitchell G. Newberry, Christopher A. Ahern, Robin Clark et Joshua B. Plotkin, "Detecting evolutionary forces in language change", *Nature*, vol. DLI, 9 novembre 2017, p. 223 – 226.

5. Peter Sheridan Dodds, Eric M. Clark, Suma Desu, Morgan R. Frank, Andrew J. Reagan, Jake Ryland Williams, Lewis Mitchell, Kameron Decker Harris, Isabel M. Kloumann, James P. Bagrow, Karine Megerdoomian, Matthew T. McMahon, Brian F. Tivnan et Christopher M. Danforth, "Human language reveals a universal positivity bias", *PNAS*, vol. CXII, n° 8, 24 février 2015, p. 2389 – 2394.

6. Gabriel Moser, Eugénia Ratiu et Ghozlane Fleury-Bahi, "Appropriation and interpersonal relationships", *Environment & Behavior*, vol. XXXIV, n° 1, janvier 2002, p. 122 – 136.

7. Rumen Iliev, Joe Hoover, Morteza Dehghani et Robert Axelrod, "Lin-guistic positivity in historical texts reflects dynamic environmental and psychological factors", *PNAS*, vol. CXIII, n° 49, 21 novembre 2016.

8. David G. Rand, Gordon Kraft-Todd et June Gruber, "The collective benefits of feeling good and letting go: positive emotion and (dis) inhibition interact to predict cooperative behavior", *PLoS ONE*, vol. X, n° 1, 2015.

9. Steven Pinker, *La Part d'ange en nous*, *op. cit.* , p. 240.

10. Michael Begon, John Lee Harper et Colin R. Townsend, *Ecology: From Individuals, Populations and Communities*, Blackwell Scientific Publications, Oxford, 2005.

11. Michael J. Crawley (dir.), *Plant Ecology*, 2e édition, Blackwell Science Publications, Cambridge, 1997.

12. Sarkis K. Mazmanian, June L. Round et Dennis L. Kasper, " A micro-bial symbiosis factor prevents intestinal inflammatory disease", *Nature*, vol. CDLIII, n° 7195, 29 mai 2008, p. 620 – 625.

13. Robert Axelrod, *The Evolution of Cooperation*, édition révisée, Basic Books, 2006.

14. Richard Dawkins, *The Selfish Gene*, Oxford University Press, 1976.

15. Catherine A. Lozupone, Jesse I. Stombaugh, Jeffrey I. Gordon, Janet K. Jansson et Rob Knight, " Diversity, stability and resilience of the human gut microbiota ", *Nature*, vol. CDLXXXIX, n° 7415, 2012, p. 220 – 230.

16. Gerard Clarke, S. Grenham, P. Scully, P. Fitzgerald, R. D. Moloney, F. Shanahan, T. G. Dinan et J. F. Cryan, "The microbiome-gut-brain axis during early-life regulates the hippocampal serotonergic system in a sex-dependent manner", *Molecular Psychiatry*, vol. XVIII, n° 6, 2013, p. 666 – 673.

17. Stefan O. Reber, Philip H. Siebler, Nina C. Donner, James T. Morton, David G. Smith, Jared M. Kopelman, Kenneth R. Lowe, Kristen J. Wheeler, James H. Fox, James E.

Hassell Jr, Benjamin N. Greenwood, Charline Jansch, Anja Lechner, Dominic Schmidt, Nicole Uschold-Schmidt, Andrea M. Füchsl, Dominik Langgartner, Frederick R. Walker, Matthew W. Hale, Gerardo Lopez Perez, Will Van Treuren, Antonio González, Andrea L. Halweg-Edwards, Monika Fleshner, Charles L. Raison, Graham A. Rook, Shyamal D. Peddada, Rob Knight et Christopher A. Lowry, " Immunization with a heat-killed preparation of the environmental bacterium *Mycobacterium vaccae* promotes stress resilience in mice", *PNAS*, vol. CXIII, nº 22, 31 mai 2016, p. E3130 – E3139.

18. Steven Pinker, *La Part d'ange en nous*, *op. cit.*, p. 11.

19. Malini Suchak, Timothy M. Eppley, Matthew W. Campbell, Rebecca A. Feldman, Luke F. Quarles et Frans B. M. de Waal, " How chimpanzees cooperate in a competitive world", *PNAS*, vol. CXIII, nº 36, 6 septembre 2016, p. 10215 – 10220.

20. Frans de Waal, *L'Âge de l'empathie. Leçons de la nature pour une so-ciété solidaire*, Les Liens qui libèrent, 2010, p. 39.

21. *Ibid.*, p. 40.

22. John M. Tauer et Judith M. Harackiewicz, " The effects of cooperation and competition on intrinsic motivation and performance ", *Journal of Personality and Social Psychology*, vol. LXXXVI, nº 6, 2004, p. 849 – 861.

23. David G. Rand, Joshua D. Greene et Martin A. Nowak, "Spon-taneous giving and calculated greed", *Nature*, vol.

CDLXXXIX, 20 sep-tembre 2012, p. 427 - 430.

24. Shona Duguid, Emily Wyman, Anke F. Bullinger, Katharina Herfurth-Majstorovic et Michael Tomasello, "Coordination strategies of chimpanzees and human children in a stag hunt game", *Proceedings of the Royal Society*, vol. CCLXXXI, 2014.

25. Colin F. Camerer, Stephan Schosser, Bodo Vogt, Thomas F. Münte et Marcus Heldmann, "Vasopressin increases human risky cooperative behavior", *PNAS*, vol. CXIII, n° 8, 2016, p. 2051 - 2056.

第二部分
第一章 正向电波过滤器

1. Kevin J. Gaston, *Urban Ecology*, Cambrige University Press, 2010.

2. Grégory Quénet, *Qu'est-ce que l'histoire environnementale?*, Champ Vallon, 2014.

3. James P. Collins, Ann Kinzig, Nancy B. Grimm, William F. Fagan, Diane Hope, Jianguo Wu et Elizabeth T. Borer, "*A new urban ecology*", *American Scientist*, vol. LXXXVIII, septembre-octobre 2000, p. 416 - 425.

4. https://www.cbd.int/doc/world/fr/fr-nr-05-fr.pdf

5. Charles-François Mathis et Émilie-Anne Pepy, *La Ville végétale. Une histoire de la nature en milieu urbain (France XVIIe - XXIe siècle)*, Champ Val-lon, 2017.

6. Nick M. Haddad, Lars A. Brudvig, Jean Clobert, Kendi F. Davies, Andrew Gonzalez, Robert D. Holt, Thomas E.

Lovejoy, Joseph O. Sexton, Mike P. Austin, Cathy D. Collins, William M. Cook, Ellen I. Damschen, Robert M. Ewers, Bryan L. Foster, Clinton N. Jenkins, Andrew J. King, William F. Laurance, Douglas J. Levey, Chris R. Margules, Brett A. Melbourne, A. O. Nicholls, John L. Orrock, Dan-Xia Song et John R. Townshend, " Habitat fragmentation and its lasting impact on Earth's ecosystems", *Science*, vol. I, n° 2, 20 mars 2015, p. 1 - 9.

7. Marlee A. Tucker, Katrin Böhning-Gaese, William F. Fagan, John M. Fryxell, Bram Van Moorter, Susan C. Alberts, Abdullahi H. Ali, Andrew M. Allen, Nina Attias, Tal Avgar, Hattie Bartlam-Brooks, Buuveibaatar Bayarbaatar, Jerrold L. Belant, Alessandra Bertassoni, Dean Beyer, Laura Bidner, Floris M. van Beest, Stephen Blake, Niels Blaum, Chloe Bracis, Danielle Brown, P. J. Nico de Bruyn, Francesca Cagnacci, Justin M. Calabrese, Constança Camilo-Alves, Simon Chamaillé-Jammes, Andre Chiaradia, Sarah C. Davidson, Todd Dennis, Stephen DeSte-fano, Duane Diefenbach, Iain Douglas-Hamilton, Julian Fennessy, Claudia Fichtel, Wolfgang Fiedler, Christina Fischer, Ilya Fischho, Christen H. Fleming, Adam T. Ford, Susanne A. Fritz, Benedikt Gehr, Jacob R. Goheen, Eliezer Gurarie, Mark Hebblewhite, Marco Heurich, A. J. Mark Hewison, Christian Hof, Edward Hurme, Lynne A. Isbell, René Janssen, Florian Jeltsch, Petra Kaczensky, Adam Kane, Peter M. Kappeler, Matthew Kau man, Roland Kays, Duncan Kimuyu, Fla-via

Koch, Bart Kranstauber, Scott LaPoint, Peter Leimgruber, John D. C. Linnell, Pascual López-López, A. Catherine Markham, Jenny Mat-tisson, Emilia Patricia Medici, Ugo Mellone, Evelyn Merrill, Guilherme de Miranda Mourão, Ronaldo G. Morato, Nicolas Morellet, Thomas A. Morrison, Samuel L. Díaz-Muñoz, Atle Mysterud, Dejid Nandintsetseg, Ran Nathan, Aidin Niamir, John Odden, Robert B. O'Hara, Luiz Gustavo R. Oliveira-Santos, Kirk A. Olson, Bruce D. Patterson, Roge- rio Cunha de Paula, Luca Pedrotti, Björn Reineking, Martin Rimmler, Tracey L. Rogers, Christer Moe Rolandsen, Christopher S. Rosenberry, Daniel I. Rubenstein, Kamran Safi, Sonia Saïd, Nir Sapir, Hall Sawyer, Niels Martin Schmidt, Nuria Selva, Agnieszka Sergiel, Enkhtuvshin Shiilegdamba, João Paulo Silva, Navinder Singh, Erling J. Solberg, Orr Spiegel, Olav Strand, Siva Sundaresan, Wiebke Ullmann, Ulrich Voigt, Jake Wall, David Wattles, Martin Wikelski, Christopher C. Wilmers, John W. Wilson, George Wittemyer, Filip Zieba, Tomasz Zwijacz-Kozica et Thomas Mueller, "Moving in the Anthropocene: global reductions in terrestrial mammalian movements", *Science*, vol. CCCLIX, n° 6374, 2018, p. 466 – 469.

8. Julian D. Olden, Lise Comte et Xingli Giam, " The Homogocene: a research prospectus for the study of biotic homogenization", *op. cit*.

9. Robert M. Pyle, *The Thunder Tree. Lessons from an Urban Wildland*, Houghton Mifflin, 1993.

10. Richard Louv, *Last Child in the Woods. Saving Our Children from Na-ture-Deficit Disorder*, Algonquin Books, 2005.

11. Ricardo Rozzi, Francisca Massardo, John Silander Jr, Orlando Dollenz, Bryan Connolly, Christopher Anderson et Nancy Turner, "Árboles nativos y exóticos en las plazas de Magallanes", *Anales Instituto Patagonia*, vol. XXXI, 2003, p. 27 – 42.

12. Jean-Marie Ballouard, François Brischoux et Xavier Bonnet, "Child-ren prioritize virtual exotic biodiversity over local biodiversity", *PLoS ONE*, vol. VI, n° 8, août 2011.

13. Masashi Soga et Kevin J. Gaston, "Extinction of experience: the loss of human-nature interactions", *Frontier in Ecology and the Environment*, vol. XIV, n° 2, 2016, p. 94 – 101.

14. Steven Spielberg, *Ready Player One*, Warner Bros, France, 2018.

15. Daniel T. C. Cox, Hannah L. Hudson, Danielle F. Shanahan, Richard A. Fuller et Kevin J. Gaston, "The rarity of direct experiences of nature in an urban population", *Landscape and Urban Planning*, vol. CLX, 2017, p. 79 – 84.

16. Anne-Caroline Prévot-Julliard, Romain Julliard et Susan Clayton, "Historical evidence for nature disconnection in a 70-year time series of Disney animated films", *Public Understanding of Science*, vol. XXIV, n° 6, 2015, p. 672 – 680.

17. J. Peen, R. A. Schoevers, A. T. Beekman et J. Dekker,

"The current status of urban-rural differences in psychiatric disorders", *Acta Psychia-trica Scandinavica*, vol. CXXI, n° 2, 2010, p. 84 – 93.

18. Pétrarque, *La Vie solitaire*, Rivages, 1999.

19. Florian Lederbogen, Peter Kirsch, Leila Haddad, Fabian Streit, Heike Tost, Philipp Schuch, Stefan Wüst, Jens C. Pruessner, Marcella Rietschel, Michael Deuschle et Andreas Meyer Lindenberg, "City living and urban upbringing affect neural social stress processing in humans", *Nature*, vol. CDLXXIV, 23 juin 2011, p. 498 – 501.

20. Bernd Krämer, Esther K. Diekhof et Oliver Gruber, "Effects of city living on the mesolimbic reward system — an fMRI study", *Human Brain Mapping*, vol. XXXVIII, n° 7, 2017, p. 3444 – 3453.

21. J. Peen, R. A. Schoevers, A. T. Beekman et J. Dekker, "The current status of urban-rural differences in psychiatric disorders", *op. cit.*

第二章　抵抗力

1. John Williams, *Butcher's Crossing*, Piranha, 2016, p. 66.

2. James A. Serpell, "Pet-keeping in non-western societies: some po-pular misconceptions", *Anthrozoös*, vol. I, n° 3, 1987.

3. Elizabeth A. Lawrence, "Those who dislike pets", *Anthrozoös*, vol. I, n° 3, 1987.

4. Mohamed Ashour, "Millenia together", *Nature*, vol. DXLIII, 2017.

5. Aude Fauvel, "«Le chien naît misanthrope». Animaux fous et fous des animaux dans la psychiatrie française du XIXe siècle", *Les Sciences du psychisme et l'animal*, *Revue d'histoire des sciences humaines*, n° 28, 2016.

6. *Ibid*.

7. Damien Baldin, "Animaux à aimer, animaux à tuer. Animalité et sen-timents zoophiles en France au XIXe siècle", *Les Sciences du psychisme et l'animal*, *Revue d'histoire des sciences humaines*, n° 28, 2016.

8. Kathleen Fiona Walker-Meikle, *Late Medieval Pet Keeping: Gender, Status and Emotions*, University College London, 2013.

9. Aubrey H. Fine et Shawna J. Weaver, "The human-animal bond and animal-assisted intervention", *in* Matilda Van den Bosch, William Bird (dir.), *Oxford Textbook of Nature and Public Health: The Role of Nature in Improving the Health of a Population*, Oxford University Press, 2018.

10. Sandra B. Barker, Rebecca A. Vokes et Randolph T. Barker, *Ani-mal-Assisted Interventions in Health Care Settings: A Best Practices Ma-nual for Establishing New Programs*, Purdue University Press, 2019.

11. Anne-Lise Saive et Nicole Guédeney, "Le rôle de l'ocytocine dans les comportements maternels de *caregiving* auprès de très jeunes en-fants", *Devenir*, vol. XXII, n° 4, 2010, p. 321 – 338 ; H. Sophie Knobloch et Valery Grinevich, "Evolution of oxytocin pathways in the brain of vertebrates", *Front. . . Behav. . . Neurosci. . .* , vol. XIV, n° 8, 14 février 2014.

12. Miho Nagasawa, Shouhei Mitsui, Shiori En, Nobuyo Ohtani, Mit-suaki Ohta, Yasuo Sakuma, Tatsushi Onaka, Kazutaka Mogi et Takefumi Kikusui, " Social evolution oxytocin-gaze positive loop and the coevolu-tion of human-dog bonds", *Science*, vol. CCCXLVIII, n° 6232, 17 avril 2015, p. 333 - 336.

13. Alexandra Frischen, Andrew P. Bayliss et Steven P. Tipper, "Gaze cueing of attention: visual Attention, social cognition, and individual di erences", *Psychological Bulletin*, vol. CXXXIII, n° 4, 2007, p. 694 - 724.

14. Shane L. Rogers, Craig P. Speelman, Oliver Guidetti et Melissa Longmuir, " Using dual eye tracking to uncover personal gaze patterns during social interaction", *Scientific Reports*, vol. VIII, n° 1, 2018.

15. Jari K. Hietanen, Terhi M. Helminen, Helena Kiilavuori, Anneli Kyl-liäinen, Heidi Lehtonen et Mikko J. Peltola, "Your attention makes me smile: direct gaze elicits a liative facial expressions", *Biological Psycho-logy*, vol. CXXXII, 2018, p. 1 - 8.

16. Adam J. Guastella, Philip B. Mitchell et Mark R. Dadds, "Oxytocin increases gaze to the eye region of human faces", *Biological Psychiatry*, vol. LXIII, no 1, 2008, p. 3 - 5.

17. G. Domes, M. Heinrichs, A. Michel, C. Berger et S. C. Herpertz, "Oxytocin improves « mind-reading» in humans", *Biological Psychiatry*, vol. LXI, n° 6, 2007, p. 731 - 733.

18. Andrew J. Rosenfeld, Jeffrey A. Lieberman et L. Fredrik Jarskog, " Oxytocin, dopamine, and the amygdala: a

neurofunctional model of social cognitive deficits in schizophrenia", *Schizophrenia Bulletin*, vol. XXXVII, n° 5, 2011, p. 1077 – 1087.

19. Yina Ma, Simone Shamay-Tsoory, Shihui Han et Caroline F. Zink, " Oxytocin and social adaptation: insights from neuroimaging studies of healthy and clinical populations", *Trends in Cognitive Sciences*, vol. XX, n° 2, 2016, p. 133 – 145.

20. Allison M. J. Anacker et Annaliese K. Beery, " Life in groups: the roles of oxytocin in mammalian sociality", *Frontiers in Behavioral Neu-roscience*, vol. VII, n° 2, 2013.

21. Susan Clayton, John Fraser et Carol D. Saunders, " Zoo experiences: conversations, connections, and concern for animals", *Zoo Biology*, vol. XXVIII, n° 5, 2009, p. 377 – 397.

22. David M. Powell et Elizabeth V. W. Bullock, "Evaluation of factors affecting emotional responses in zoo visitors and the impact of emo-tion on conservation mindedness ", *Anthrozoös*, vol. XXVII, n° 3, 2014, p. 389 – 405.

23. Ryan DeMares et Kevin Krycka, "Wild-animal-triggered peak expe-riences: transpersonal aspects ", *The Journal of Transpersonal Psychology*, vol. XXX, n° 2, 1998, p. 161 – 177.

24. François Sarano, *Le Retour de Moby Dick. Ou ce que les cachalots nous enseignent sur les océans et les hommes*, Actes Sud, 2018.

25. Andrew J. Pekarik, " Eye-to-eye with animals and

ourselves", *Cura-tor*, vol. XLVII, n° 3, 2004, p. 257 – 260.

26. Olin Eugene Myers Jr, Carol D. Saunders et Andrej A. Birjulin, "Emotional dimensions of watching zoo animals: an experience sam-pling study building on insights from psychology", *Curator*, vol. XLVII, n° 3, 2004, p. 299 – 321.

27. Froma Walsh, "Human-animal bonds I: the relational significance of companion animals", *Family Process*, vol. XLVIII, n° 4, décembre 2009, p. 462 – 480.

28. Barbara Fredrickson, *Love 2. 0. How Our Supreme Emotion A ects Everything We Feel, Think, Do and Become*, Hudson Street Press, 2013.

29. Aline Bertin, Arielle Beraud, Léa Lansade, Marie-Claire Blache, Amandine Diot, Baptiste Mulot et Cécile Arnould, "Facial display and blushing: means of visual communication in blue-and-yellow macaws (*Ara ararauna*)?", *PLoS ONE*, vol. XIII, n° 8, 2018.

30. https://www. lemonde. fr/festival/article/2018/09/03/nos-animaux-nous-aiment-ils_5349467_4415198. html

31. Froma Walsh, "Human-animal bonds I: the relational significance of companion animals", *op. cit.*

32. Svetlana Bardina, "Social functions of a pet graveyard: analysis of gravestone records at the metropolitan pet cemetery in Moscow", *An-throzoös*, vol. XXX, n° 3, 2017, p. 415 – 427.

33. Robert J. Losey, Sandra Garvie-Lok, Jennifer A. Leonard, M. Anne Katzenberg, Mietje Germonpré, Tatiana

Nomokonova, Mikhail V. Sa-blin, Olga I. Goriunova, Natalia E. Berdnikova et Nikolai A. Savel'ev, "Burying dogs in ancient Cis-Baikal, Siberia: temporal trends and re-lationships with human diet and subsistence practices", *PLoS ONE*, vol. VIII, n° 5, 2013.

34. Stanley Brandes, "The meaning of American pet cemetery graves-tones", *Ethnology*, vol. XLVIII, n° 2, 2009, p. 99 – 118.

35. Bérénice Gaillemin, "Vivre et construire la mort des animaux. Le cimetière d'Asnières", *Ethnologie française*, vol. XXXIX, 2009, p. 495 – 507.

36. Svetlana Bardina, "Social functions of a pet graveyard: analysis of gravestone records at the metropolitan pet cemetery in Moscow", *op. cit*.

37. Natalia Albuquerque, Kun Guo, Anna Wilkinson, Carine Savalli, Emma Otta et Daniel Mills, "Dogs recognize dog and human emo-tions", *Biology Letters*, vol. XII, n° 1, 2016.

38. Sophie Jamieson, "Dogs can read human emotions, study finds", *The Telegraph*, 13 janvier 2016, www. telegraph. co. uk/news/science/science-news/12096738/Dogs-can-read-human-emotions-study-finds. html.

39. Mwenya Mubanga, Liisa Byberg, Christoph Nowak, Agneta Egen-vall, Patrik K. Magnusson, Erik Ingelsson et Tove Fall, "Dog ownership and the risk of cardiovascular disease and death — a nationwide cohort study", *Scientific Reports*, vol. VII, 2017.

40. Edward O. Wilson, *Biophilie*, *op. cit.*

41. Gail F. Melson, "Child development and the human-companion ani-mal bond", *Animal Behavioral Scientist*, vol. XLVII, n° 1, 2003, p. 31 – 39.

42. Gail F. Melson, "Children and wild animals", *in* P. H. Kahn Jr, P. Hasbach et J. Ruckert (dir.), *The Rediscovery of the Wild*, MIT Press, 2013, p. 93 – 118.

43. Julia A. Nielsen et Lloyd A. Delude, "Behavior of young children in the presence of di erent kinds of animals", *Anthrozoös*, vol. III, 1989, p. 119 – 129.

44. Marcelle Ricard et Louise Allard, "The reaction of 9- to 10-month-old infants to an unfamiliar animal", *The Journal of Genetic Psychology: Re-search and Theory on Human Development*, vol. CLIV, n° 1, 1993, p. 5 – 16.

第三章 窗户与风景的重要性

1. Rachel Kaplan, "The nature of the view from home: psychological benefits", *Environment & Behavior*, vol. XXXIII, n° 4, 2001.

2. Rachel Kaplan et Stephen Kaplan, *The Experience of Nature. A Psy-chological Perspective*, Cambridge University Press, 1989.

3. Ernest O. Moore, "A prison environment's effect on health care service demands", *Journal of Environmental Systems*, vol. XI, 1981, p. 17 – 34.

4. Carolyn M. Tennessen et Bernadine Cimprich, "Views to nature: ef-fects on attention", *Journal of Environmental Psychology*, vol. XV, no 1, 1995, p. 77 – 85.

5. Rachel Kaplan, " The nature of the view from home: psychological benefits", *op. cit*.

6. *Ibid*.

7. Joan Iverson Nassauer, " Messy ecosystems, orderly frames", *Lands-cape Journal*, vol. XIV, n° 2, 1995, p. 161 - 170.

8. Alain Corbin, *La Fraîcheur de l'herbe. Histoire d'une gamme d'émotions de l'Antiquité à nos jours*, Fayard, 2018.

9. Herbert A. Simon, "Rationality as process and as product of thought", *The American Economic Review*, vol. LXVIII, n° 2, 1978, p. 1 - 16.

10. Rachel Kaplan et Stephen Kaplan, *The Experience of Nature. A Psy-chological Perspective*, *op. cit*.

11. Dongying Li et William C. Sullivan, " Impact of views to school lands-capes on recovery from stress and mental fatigue", *Landscape and Urban Planning*, vol. CXLVIII, 2016, p. 149 - 158.

12. Peter H. Kahn Jr, Batya Friedman, Brian Gill, Jennifer Hagman, Ra-chel L. Severson, Nathan G. Freier, Erika N. Feldman, Sybil Carrere et Anna Stolyar " A plasma display window? — The shifting baseline problem in a technologically mediated natural world ", *Journal of Environmental Psychology*, vol. XXVIII, n° 2, 2008, p. 192 - 199.

13. Andrea Faber Taylor, Angela Wiley, Frances E. Kuo et William C. Sullivan, "Growing up in the inner city: green spaces as places to grow", *Environment & Behavior*, vol.

XXX, n° 1, 1998, p. 3 – 27.

14. Nancy M. Wells, "At home with nature. Effects of
    « greenness » on children's cognitive functioning ",
    Environment & Behavior, vol. XXXII, n° 6, 2000, p. 775 –
    795.

15. Frances E. Kuo et William C. Sullivan, "Environment and
    crime in the inner city: does vegetation reduce crime?",
    Environment & Behavior, vol. XXXIII, n° 3, 2001, p. 343 –
    367.

16. Austin Troy, J. Morgan Groveb et Jarlath O'Neil-Dunne,
    "The re-lationship between tree canopy and crime rates across
    an urban-rural gradient in the greater Baltimore region",
    Landscape and Urban Plan-ning, vol. CVI, 2012, p. 262 –
    270.

17. http://www.treebaltimore.org/

18. Frances E. Kuo et William C. Sullivan, "Aggression and
    violence in the inner city: e ects of environment via mental
    fatigue", *Environment & Behavior*, vol. XXXIII, n° 4,
    2001, p. 543 – 571.

19. Virginia I. Lohr et Caroline H. Pearson-Mims, "Responses
    to scenes with spreading, rounded, and conical tree forms",
    Environment & Beha-vior, vol. XXXVIII, n° 5, 2006, p.
    667 – 688.

20. William Elmendorf, "The importance of trees and nature in
    com-munity: a review of the relative literature ",
    Arboriculture and Urban Fo-restry, vol. XXXIV, n° 3,
    2008, p. 152 – 156.

21. Meghan T. Holtan, Susan L. Dieterlen et William C. Sullivan, "Social life under cover: tree canopy and social capital in Baltimore, Maryland", *Environment & Behavior*, vol. XLVII, n° 5, 2015, p. 502 – 525.

22. Bin Jiang, Dongying Li, Linda Larsen et William C. Sullivan, "A dose-response curve describing the relationship between urban tree cover density and self-reported stress recovery", *Environment & Beha-vior*, vol. XLVIII, n° 4, p. 1 – 23.

23. Mark S. Taylor, Benedict W. Wheeler, Mathew P. White, Theodoros Economou et Nicholas J. Osborne, "Research note: urban street tree den-sity and antidepressant prescription rates — a cross-sectional study in Lon-don, UK", *Landscape and Urban Planning*, vol. CXXXVI, 2015, p. 174 – 179.

24. Christopher J. Gidlow, Jason Randall, Jamie Gillman, Graham R. Smith et Marc V. Jones, "Natural environments and chronic stress measured by hair cortisol", *Landscape and Urban Planning*, vol. CXLVIII, 2016, p. 61 – 67.

25. Geoffrey H. Donovan, David Butry, Yvonne Michael, Jeffrey P. Prestemon, Andrew M. Liebhold, Demetrios Gatziolis et Megan Y. Mao, "The relationship between trees and human health, evidence from the spread of the emerald ash borer", *American Journal of Preventive Medecine*, vol. XLIV, n° 2, février 2013, p. 139 – 145.

26. Bénédicte Dousset et Françoise Gourmelon, *Évolution climatique et canicule en milieu urbain. Apport de la télédétection à l'anticipation et à la gestion de l'impact*

sanitaire, 2011.

27. Karine Laaidi, *Rôle des îlots de chaleur urbains dans la surmortalité observée pendant les vagues de chaleur*, synthèse des études réalisées par l'Institut de veille sanitaire sur la vague de chaleur d'août 2003, Institut de veille sanitaire, 2012.

28. Michel de Montaigne, *Les Essais*, livre III, 1580.

29. Jules Pretty, Jo Peacock, Martin Sellens et Murray Griffn, " The mental and physical health outcomes of green exercise", *International Journal of Environmental Health Research*, vol. XV, n° 5, 2005, p. 319 - 337.

30. Diana Bowler, Lisette M. Buyung-Ali, Teri M. Knight et Andrew Pul-lin, "A systematic review of evidence for the added benefits to health of exposure to natural environments", *BMC Public Health*, vol. X, n° 1, 2010.

31. Jason Duvall, "Enhancing the benefits of outdoor walking with co-gnitive engagement strategies ", *Journal of Environmental Psychology*, vol. XXXI, n° 1, 2011, p. 27 - 35.

32. Roberta K. Oka, Teresa De Marco, William L. Haskell, Elias Botvinick, Michael W. Dae, Karen Bolen et Kanu Chatterjee, "Impact of a home-based walking and resistance training program on quality of life in patients with heart failure", *The American Journal of Cardiology*, vol. LXXXV, n° 3, 2000, p. 365 - 369.

33. Gregory N. Bratman, J. Paul Hamilton, Kevin S. Hahn, Gretchen C. Daily et James J. Gross, "Nature experience

reduces rumination and subgenual prefrontal cortex activation", *PNAS*, vol. CXII, n° 28, 2015, p. 8567 – 8572.

34. Marc G. Berman, Ethan Kross, Katherine M. Krpan, Mary K. Ask-ren, Aleah Burson, Patricia J. Deldin, Stephen Kaplan, Lindsey Sherdell, Ian H. Gotlib et John Jonides, "Interacting with nature improves co-gnition and affect for individuals with depression", *Journal of A ective Disorder*, vol. CXL, n° 3, 31 mars 2012, p. 300 – 305.

35. Mathew P. White, Ian Alcock, Benedict W. Wheeler et Michael H. Depledge, "Would you be happier living in a greener urban area? A fixed-effects analysis of panel data", *Psychological Science*, vol. XXIV, n° 6, 2013, p. 920 – 928.

36. Danielle F. Shanahan, Robert Bush, Kevin J. Gaston, Brenda B. Lin, Julie Dean, Elizabeth Barber et Richard A. Fuller, "Health benefits from nature experiences depend on dose", *Scientific Reports*, vol. VI, 2016.

37. Danielle F. Shanahan, Richard A. Fuller, Robert Bush, Brenda B. Lin et Kevin J. Gaston, "The health benefits of urban nature: how much do we need?", *BioScience*, vol. LXV, n° 5, 2015, p. 476 – 485.

38. James S. House, Karl R. Landis et Debra Umberson, "Social rela-tionship and health", *Science*, vol. CCXLI, n° 4865, 1988, p. 540 – 545.

39. Scott C. Brown, Tatiana Perrino, Joanna Lombard, Kefeng Wang, Matthew Toro, Tatjana Rundek, Carolina Marinovic

Gutierrez, Chuanhui Dong, Elizabeth Plater-Zyberk, Maria I. Nardi, Jack Kardys et José Szapocznik, "Health disparities in the relationship of neighborhood greenness to mental health outcomes in 249, 405 US Medicare beneficiaries ", *International Journal of Environmental Research and Public Health*, vol. XV, n° 3, 2018.

40. Kristine Engemann, Carsten Bøcker Pedersen, Lars Arge, Constantinos Tsirogiannis, Preben Bo Mortensen et Jens-Christian Svenning, "Childhood exposure to green space — a novel risk-decreasing mecha-nism for schizophrenia?", *Schizophrenia Research*, vol. CXCIX, sep-tembre 2018, p. 142 – 148.

41. M. Davern, A. Farrar, D. Kendal et B. Giles-Corti, *Quality Green Space Supporting Health, Wellbeing and Biodiversity: A Literature Review*, rapport commandé par la Heart Foundation, SA Health, Department of Environment, Water and Natural Resources, Office for Recreation and Sport, and Local Government Association (SA), University of Melbourne, 2016.

42. Jesper J. Alvarsson, Stefan Wiens et Mats E. Nilsson, "Stress re-covery during exposure to nature sound and environmental noise ", *In-ternational Journal of Environmental Research and Public Health*, vol. VII, n° 3, 2010, p. 1036 – 1046.

43. M. J. Kenney et C. K. Ganta, "Autonomic nervous system and immune system interactions ", *Comprehensive Physiology*, vol. IV, n° 3, 2014, p. 1177 – 1200.

44. Lara S. Franco, Danielle F. Shanahan et Richard A. Fuller, "A review of the benefits of nature experiences: more than meets the eye", *Inter-national Journal of Environmental Research and Public Health*, vol. XIV, n° 864, 2017.

45. *Ibid.*

46. Alain Corbin, *La Fraîcheur de l'herbe*, *op. cit.*, p. 63.

47. Alain Corbin, *Histoire du silence. De la Renaissance à nos jours*, Albin Michel, 2016.

48. Bryan C. Pijanowski, Luis J. Villanueva-Rivera, Sarah L. Dumyahn, Almo Farina, Bernie L. Krause, Brian M. Napoletano, Stuart H. Gage et Nadia Pieretti, "Soundscape ecology: the science of sound in the landscape", *BioScience*, vol. LXI, n° 3, 2011, p. 203 – 216.

49. Jessica L. Deichmann, Andrés Hernández-Serna, J. Amanda Del-gado C., Marconi Campos-Cerqueira et T. Mitchell Aide, "Soundscape analysis and acoustic monitoring document impacts of natural gas exploration on biodiversity in a tropical forest", *Ecological Indicators*, vol. LXXIV, 2017, p. 39 – 48.

50. Paola Moscoso, Mika Peck et Alice Eldridge, "Emotional associa-tions with soundscape reflect human-environment relationships", *Jour-nal of Ecoacoustics*, vol. II, 2018.

51. Bernie Krause, *Le Grand Orchestre animal*, Flammarion, 2013.

52. Young Soo Joung et Cullen R. Buie, "Aerosol generation by raindrop impact on soil", *Nature Communications*, n° 6, 2015.

53. T. Godo, Y. Saki, Y. Nojiri, M. Tsujitani, S. Sugahara, S. Hayashi, H. Kamiya, S. Ohtani et Y. Seike, "Geosmin-producing species of *Coelosphaerium* (Synechococcales, Cyanobacteria) in Lake Shinji, Japan", *Scientific Reports*, vol. VII, 2017.

54. Young Soo Joung, Zhifei Ge et Cullen R. Buie, "Bioaerosol genera-tion by raindrops on soil", *Nature Communications*, vol. VIII, 2017.

55. Rachel S. Herz, "The role of odor-evoked memory in psychological and physiological health", *Brain Sciences*, vol. VI, n° 3, 2016.

56. Lara S. Franco, Danielle F. Shanahan et Richard A. Fuller, "A review of the benefits of nature experiences: more than meets the eye", *op. cit*.

57. Johan Willander et Maria Larsson, "Smell your way back to child-hood: autobiographical odor memory", *Psychonomic Bulletin and Review*, vol. XIII, n° 2, 2006, p. 240 – 244.

58. Richard A. Fuller, Katherine N. Irvine, Patrick Devine-Wright, Philip H. Warren et Kevin J. Gaston, "Psychological benefits of green-space increase with biodiversity", *Biology Letters*, vol. III, n° 4, 2007, p. 390 – 394.

59. Martin Dallimer, Katherine N. Irvine, Andrew M. J. Skinner, Zoe G. Davies, James R. Rouquette, Lorraine L. Maltby, Philip H. Warren, Paul R. Armsworth et Kevin J. Gaston, "Biodiversity and the feel-good factor: understanding associations between self-reported human well-being and

species richness", *Bioscience*, vol. LXII, n° 1, janvier 2012, p. 47 – 55.

60. Assaf Shwartz, Anne Turbé, Laurent Simon et Romain Julliard, "En-hancing urban biodiversity and its influence on city-dwellers: an experi-ment", *Biological Conservation*, vol. CLXXI, n° 171, 2014, p. 82 – 90.

61. Georgina E. Southon, Anna Jorgensen, Nigel Dunnett, Helen Hoyle et Karl L. Evans, "Perceived species-richness in urban green spaces: cues, accuracy and well-being impacts", *Landscape and Urban Planning*, vol. CLXXII, 2018, p. 1 – 10.

62. Marcus Hedblom, Igor Knez et Bengt Gunnarsson, "Bird diversity improves the well-being of city residents", *in* Enrique Murgui et Marcus Hedblom (dir.), *Ecology and Conservation of Birds in Urban Environ-ments*, Springer, 2017.

63. Marcus Hedblom, Erik Heyman, Henrik Antonsson et Bengt Gun-narsson, "Bird song diversity influences young people's appreciation of urban landscapes", *Urban Forestry & Urban Greening*, vol. XIII, n° 3, 2014, p. 469 – 474.

64. Philippe Clergeau, Gwenaelle Mennechez, André Sauvage et Agnès Lemoine, "Human perception and appreciation of birds: a mo-tivation for wildlife conservation in urban environments of France", *in* John M. Marzlu, Reed Bowman et Roarke Donelly (dir.), *Avian Ecology and Conservation in an Urbanizing World*, Kluwer, 2001.

65. Qing Li, "Effect of forest bathing trips on human immune

func-tion ", *Environmental Health and Preventive Medecine*, vol. XV, n° 1, jan-vier 2010, p. 9 – 17.

66. Qing Li, *Shinrin yoku. L'art et la science du bain de forêt. Comment la forêt nous soigne*, First, 2018.

67. Ming Kuo, "How might contact with nature promote human health? Promising mechanisms and a possible central pathway ", *Frontiers in Psychology*, vol. VI, n° 1093, 2015.

第三部分

第一章　更幸福地创造共同的历史

1. *Une salve d'avenir. L'espoir, anthologie poétique*, Gallimard, 2004, p. 17.

2. Yuval Noah Harari, *Homo deus. Une brève histoire du futur*, *op. cit*.

3. Steven Pinker, *La Part d'ange en nous*, *op. cit*.

4. Marc-Olivier Bherer, " Le bon augure ", *Le Monde*, 24 novembre 2017.

5. Steven Pinker, *La Part d'ange en nous*, *op. cit*. , p. 15.

6. *Ibid*. , p. 14.

7. *Ibid*.

8. *Millennium Ecosystem Assessment, Ecosystems and Human Well-being: Synthesis*, Island Press, 2005.

9. Bradley J. Cardinale, J. Emmett Duffy, Andrew Gonzalez, David U. Hooper, Charles Perrings, Patrick Venail, Anita Narwani, Georgina M. Mace, David Tilman, David A. Wardle, Ann P. Kinzig, Gretchen C. Daily, Michel

Loreau, James B. Grace, Anne Larigauderie, Diane S. Srivastava et Shalid Naeem, "Biodiversity loss and its impact on humanity", *Na-ture*, vol. CDLXXXVI, n° 7401, 7 juin 2012, p. 59 – 67; William J. Ripple, Christopher Wolf, Thomas M. Newsome, Mauro Galetti, Mohammed Alamgir, Eileen Crist, Mahmoud I. Mahmoud, William F. Laurance, et 15 364 scientifiques signataires venant de 184 pays, "World scientists' warning to humanity: a second notice", *BioScience*, vol. LXVII, n° 12, dé-cembre 2017, p. 1026 – 1028.

10. Theodore R. Sarbin (dir.), *Narrative Psychology: The Storied Nature of Human Conduct*, Praeger, 1986.

11. Peggy J. Miller et Linda L. Sperry, "Early talk about the past: the origins of conversational stories of personal experience", *Journal of Child Language*, vol. XV, n° 2, 1988, p. 293 – 315.

12. Dan P. McAdams, "Narrative identity: what is it? What does it do? How do you measure it?" *Imagination, Cognition and Personality*, vol. XXXVII, no. 3, 2018, p. 359 – 372.

13. *Ibid*.

14. Polly W. Wiessner, "Embers of society: firelight talk among the Ju/'hoansi Bushmen", *PNAS*, vol. CXI, n° 39, 2014, p. 14027 – 14035.

15. Hsiao-Wen Liao, Susan Bluck et Gerben J. Westerhof, "Longitudinal relations between self-defining memories and self-esteem: mediating roles of meaning-making and

memory function ", *Imagination, Cognition and Personality*, vol. XXXVII, n° 3, 2018, p. 1 - 24.

16. Laura A. King, "The health benefits of writing about life goals", *PSPB*, vol. XXVII, n° 7, 2001, p. 798 - 807.

17. Barbara L. Fredrickson, Karen M. Grewen, Kimberly A. Coffey, Sara B. Algoe, Ann M. Firestine, Jesusa M. G. Arevalo, Jeffrey Ma et Steven W. Cole, "A functional genomic perspective on human well-being", *PNAS*, vol. CX, n° 33, 13 août 2013, p. 13684 - 13689.

18. Steven W. Cole, Louise C. Hawkley, Jesusa M. G. Arevalo et John T. Cacioppo, "Transcript origin analysis identifies antigen-presenting cells as primary targets of socially regulated gene expression in leukocytes", *PNAS*, vol. CVIII, n° 7, 15 février 2011, p. 3080 - 3085.

19. Karen R. Lips, "Witnessing extinction in real time", *PLoS Biol.*, vol. XVI, n° 2, 6 février 2018.

20. Sonja Lyubomirsky, *Qu'est-ce qui nous rend vraiment heureux?*, Les Arènes, 2014, p. 252.

21. Shai Davidai et Thomas Gilovich, "The ideal road not taken: the self-discrepancies involved in people's most enduring regrets", *Emotion*, vol. XVIII, n° 3, 2018, p. 439 - 452.

第二章　在大自然中更快乐

1. http://news. cornell. edu/stories/2018/05/woulda-coulda-shoulda-haunting-regret-failing-our-ideal-selves

2. Sonja Lyubomirsky, *Qu'est-ce qui nous rend vraiment heureux?*, *op. cit.*, p. 254.

3. Heather M. Leslie, Erica Goldman, Karen L. McLeod, Leila Sievanen, Hari Balasubramanian, Richard Cudney-Buen, Amanda Feuerstein, Nancy Knowlton, Kai Lee, Richard Pollnac et Jameal F. Samhouri, "How good science and stories can go hand-in-hand", *Conservation Biology*, vol. XXVII, n° 5, 2013, p. 1126 - 1129.

4. *Cabo Pulmo Science. 20 Years*, Gulf of California Marine Pro-gram, https://scripps. ucsd. edu/centers/cmbc/wp-content/uploads/sites/39/2014/08/20_yrs_Cabo_Pulmo_GCMP_eng. pdf; Heather M. Leslie *et al.*, "How good science and stories can go hand-in-hand", *op. cit.*

5. Heather M. Leslie *et al.*, "How good science and stories can go hand-in-hand", *op. cit.*

6. *Ibid.*

7. Octavio Aburto-Oropeza, Brad Erisman, Grantly R. Galland, Ismael Mascareñas-Osorio, Enric Sala et Exequiel Ezcurra, "Large recovery of fish biomass in a no-take marine reserve", *PLoS ONE*, vol. VI, n° 8, 2011.

8. Ryan Anderson, "Sustainability, ideology, and the politics of develop-ment in Cabo Pulmo, Baja California Sur, Mexico", *Journal of Political Ecology*, vol. XXII, 2015, p. 239 - 254.

9. Elizabeth K. Nisbet, John M. Zelenski et Steven A. Murphy, "Happiness is in our nature: exploring nature relatedness as a contributor to subjec-tive well-being", *Journal of Happiness Studies*, vol. XII, 2011, p. 303 - 322.

10. Susan D. Clayton et Carol D. Saunders, *The Oxford Handbook of En-vironmental and Conservation Psychology*, Oxford University Press, 2012.

11. Agata Zielinski, "La compassion, de l'affection à l'action", *Études*, 2009/1 (tome 410), p. 55 – 65.

12. Jennifer L. Goetz, Dacher Keltner et Emiliana Simon-Thomas, " Compassion: an evolutionary analysis and empirical review", *Psycholo-gical Bulletin*, vol. CXXXVI, n° 3, mai 2010, p. 351 – 374.

13. Emma M. Seppälä, Emiliana Simon-Thomas, Stephanie L. Brown, Monica C. Worline, C. Daryl Cameron et James R. Doty (dir.), *The Oxford Handbook of Compassion Science*, Oxford University Press, 2017.

14. Jennifer E. Stellar, Adam Cohen, Christopher Oveis et Dacher Keltner, "A ective and physiological responses to the su ering of others: compassion and vagal activity", *Journal of Personality and Social Psychology*, vol. CVIII, n° 4, 2015, p. 572 – 585.

15. Emiliana Simon-Thomas, Jakub Godzik, Elizabeth Castle, Olga An-tonenko, Aurelie Ponz, Aleksander Kogan et Dacher J. Keltner, "An fMRI study of caring vs self-focus during induced compassion and pride", *Social Cognitive and A ective Neuroscience*, vol. VII, n° 6, 2012, p. 635 – 648.

16. Marc Beko, *Rewilding Our Hearts. Building Pathways of Compassion and Coexistence*, New World Library, 2014.

17. Barbara L. Fredrickson, Michael A. Cohn, Kimberly A. Coffey, Jolynn Pek et Sandra M. Finkel, "Open hearts build

lives: positive emotions, induced through loving-kindness meditation, build consequential per-sonal resources ", *Journal of Personality and Social Psychology*, vol. XCV, n° 5, 2008, p. 1045 – 1062.

18. Helen Y. Weng, Andrew S. Fox, Alexander J. Shackman, Diane E. Stodola, Jessica Z. K. Caldwell, Matthew C. Olson, Gregory M. Rogers et Richard J. Davidson, "Compassion training alters altruism and neu-ral responses to su ering", *Psychological Science*, vol. XXIV, n° 7, 2013, p. 1171 – 1180; Antoine Lutz, Julie Brefczynski-Lewis, Tom Johnstone et Richard J. Davidson, "Regulation of the neural circuitry of emotion by compassion meditation: effects of meditative expertise", *PLoS ONE*, vol. III, n° 3, 2008, e1897.

19. Malin Angantyr, Eric M. Hansen, Jakob Håkansson Eklund et Kerstin Malm, "Reducing sex differences in children's empathy for animals through a training intervention ", *Journal of Research in Childhood Edu-cation*, vol. XXX, n° 3, 2016, p. 273 – 281.

20. Pour plus d'informations sur la méthode: https://rede.se/

21. Eisenberg *et al.*, *in* Émilie Girard, Miguel M. Terradas et Célia Matte-Gagné, "Empathie, comportements pro-sociaux et troubles du comportement", *Enfance*, vol. IV, 2014, p. 459 – 480.

22. Paul Gilbert, Kirsten McEwan, Marcela Matos et Amanda Rivis, "Fears of compassion: development of three self-report measures ", *Psychology and Psychotherapy:*

Theory, Research and Practice, vol. LXXXIV, n° 3, 2010, p. 239 – 255.

23. Agata Zielinski, "La compassion, de l'affection à l'action", op. cit.

24. Paul Slovic, "«If I look at the mass I will never act»" : psychic numbing and genocide", Judgment and Decision Making, vol. II, 2007, p. 75 – 95.

25. Ezra M. Markowitz, Paul Slovicz, Daniel Väst äll et Sara D. Hodges, "Compassion fade and the challenge of environmental conservation", Judgment and Decision Making, vol. VIII, n° 4, 2013, p. 397 – 406.

26. Hooria Jazaieri, Geshe Thupten Jinpa, Kelly McGonigal, Erika L. Rosenberg, Joel Finkelstein, Emiliana Simon-Thomas, Margaret Cullen, James R. Doty, James J. Gross et Philippe R. Goldin, " Enhancing com-passion: a randomized controlled trial of a compassion cultivation training program", Journal of Happiness Studies, vol. XIV, n° 4, 2013, p. 1113 – 1126.

27. https://greatergood. berkeley. edu/article/item/can_you_be_ trained_ to_be_more_compassionate

28. Sonja Lyubomirsky, Kennon M. Sheldon et David Schkade, " Pur-suing happiness: the architecture of sustainable change", Review of Ge-neral Psychology, vol. IX, n° 2, 2005, p. 111 – 131.

29. Sonja Lyubomirsky, Qu'est-ce qui nous rend vraiment heureux?, op. cit.

30. https://greatergood. berkeley. edu/article/item/sonja _

lyubomirsky_ on_the_myths_of_happiness

31. Sonja Lyubomirsky, "Hedonic adaptation to positive and negative experiences", *in* Susan Folkman（dir.）, *The Oxford Handbook of Stress, Health, and Coping*, Oxford University Press, 2011.

32. Rebecca Schild, "Fostering environmental citizenship: the motiva-tions and outcomes of civic recreation", *Journal of Environmental Plan-ning and Management*, vol. LXI, n° 5 – 6, 2017, p. 924 – 949.

33. Leaf Van Boven et Thomas Gilovich, "To do or to have? That is the question", *Journal of Personality and Social Psychology*, vol. LXXXV, n° 6, 2003, p. 1193 – 1202.

第三章　自然让我们更幸福：唤醒心中的追踪者

1. William Cowper, *The Task and Other Poems*, Cassell & Co., 1899, 1785.

2. https://davidsuzuki. org/take-action/act-locally/one-nature-challenge

3. Elizabeth K. Nisbet, "Answering nature's call: commitment to nature contact increases well-being", *Results of the* 2015 *David Suzuki Founda-tion's* 30.*x*30 *Nature Challenge*, 2015.

4. Miles Richardson, Adam Cormack, Lucy McRobert et Ralph Underhill, "30 Days Wild: development and evaluation of a large-scale nature engagement campaign to improve well-being", *PLoS ONE*, vol. XI, n° 2, 2016, e 0149777.

5. https://www. sierraclub. org/get-outside

6. Elizabeth K. Nisbet et Gregg Treinish, conférence *Connecting Citizen Scientists with Nature Promotes Nature Relatedness and Well-Being*, janvier 2013.

7. Stephen Kaplan, "The restorative benefits of nature: toward an inte-grative framework", *Journal of Environmental Psychology*, vol. XV, n° 3, 1995, p. 169 – 182.

8. Baptiste Morizot, "L'art du pistage", *Billebaude*, n° 10, 2017.

9. Stephen R. Kellert et Edward O. Wilson (dir.), *The Biophilia Hypothe-sis*, Island Press, 1993.

10. François Cheng, *Enfin le royaume*, Gallimard, 2018.

11. Baptiste Morizot, *Sur la piste animale*, Actes Sud, 2018.

12. *Ibid.*, p. 177.

13. Eduardo Kohn, *Comment pensent les forêts. Vers une anthropologie au-delà de l'humain*, éditions Zones sensibles, 2017.

14. *Ibid.*, p. 65.

15. Rachel Kaplan et Stephen Kaplan, *The Experience of Nature. A Psychological Perspective*, *op. cit.*

16. Andrew M. Szolosi, Jason M. Watson et Edward J. Ruddell, "The benefits of mystery in nature on attention: assessing the impacts of presentation duration", *Frontiers in Psychology*, vol. V, n° 1360, 25 novembre 2014.

17. John Williams, *Butcher's Crossing*, *op. cit.*, p. 61.

18. Dacher Keltner et Jonathan Haidt, "Approaching awe, a moral, spi-ritual, and aesthetic emotion", *Cognition and Emotion*, vol. XVII, n° 2, 2003, p. 297 – 314.

19. Amie M. Gordon, Jennifer E. Stellar, Craig L. Anderson, Galen D. McNeil, Daniel Loew et Dacher Keltner, " The dark side of the sublime: distinguishing a threat-based variant of awe", *Journal of Personality and Social Psychology*, vol. CXIII, n° 2, 8 décembre 2016, p. 310 – 328.

20. Jennifer E. Stellar, Amie Gordon, Craig L. Anderson, Paul K. Piff, Galen D. McNeil et Dacher Keltner, " Awe and humility", *Journal of Personality and Social Psychology*, vol. CXIV, n° 2, février 2018, p. 258 – 269.

21. Amie M. Gordon, Jennifer E. Stellar, Craig L. Anderson, Galen D. McNeil, Daniel Loew et Dacher Keltner, " The dark side of the sublime: distinguishing a threat-based variant of awe", *op. cit.*

22. Florence Williams, *The Nature Fix. Why Nature Makes Us Happier, Healthier, and More Creative*, W. W. Norton &. Compagny, 2017.

23. www. spipoll. org/

24. Mathieu de Flores et Nicolas Deguines, " Trois ans d'activité du SPIPOLL", *Insectes*, n° 167, 2012.

25. Györgyi Bela, Taru Peltola, Juliette C. Young, Bálint Balázs, Isabelle Ar-pin, György Pataki, Jennifer Hauck, Eszter Kelemen, Leena Kopperoinen, Ann Van Herzele, Hans Keune, Susanne Hecker, Monika Suškevičs, He-len E. Roy, Pekka Itkonen, Mart Külvik, Miklós László, Corina Basnou, Joan Pino et Aletta Bonn, " Learning and the transformative potential of citizen science", *Conservation Biology*, vol. XXX, n° 5, 2016, p. 990 – 999.

26. Nicolas Deguines, Romain Julliard, Mathieu de Flores et Colin Fontaine, " The whereabouts of flower visitors: contrasting land-use pre-ferences revealed by a country-wide survey based on citizen science", *PLoS ONE*, vol. VII, n° 9, septembre 2012, e45822.

27. Nicolas Deguines, Mathieu de Flores, Grégoire Loïs, Romain Julliard et Colin Fontaine, "Fostering close encounters of the entomologi-cal kind ", *Frontiers in Ecology and the Environment*, vol. XVI, n° 4, 2018, p. 202 – 203.

28. Joseph S. Wilson, Matthew L. Forister et Olivia Messinger Carril, "Interest exceeds understanding in public support of bee conser-vation ", *Frontiers in Ecology and the Environment*, vol. XV, n° 8, 2017, p. 460 – 466.

29. Caren Cooper, *Citizen Science. How Ordinary People Are Changing the Face of Discovery*, The Overlook Press, 2016.

30. Philippe Taquet, " Quand les reptiles marins anglais traversaient la Manche: Mary Anning et Georges Cuvier, deux acteurs de la décou verte et de l'étude des ichthyosaures et des plésiosaures ", *Annales de paléontologie*, vol. LXXXIX, n° 1, 2003, p. 37 – 64.

31. Zhijun Ma, Yixin Cheng, Junyan Wang et Xinghua Fu, "The rapid development of birdwatching in mainland China: a new force for bird study and conservation", *Bird Conservation International*, vol. XXIII, n° 2, 2013, p. 259 – 269.

32. Caren Cooper, *Citizen Science. How Ordinary People Are Changing the Face of Discovery*, *op. cit.* , p. 42.

33. https://audubon. maps. arcgis. com/apps/View/index. html? appid = fad 421e95f4949bde20c29a38228bd

34. Nathan J. Shipley, Lincoln R. Larson, Caren B. Cooper, Kathy Dale, Geo LeBaron et John Takekawa, "Do birdwatchers buy the duck stamp?", *Human Dimensions of Wildlife*, vol. XXIV, n° 1, 2019, p. 61 – 70.

35. US Department of the Interior, US Fish & Wildlife Service, and US Department of Commerce, US Census Bureau, *2016 National Survey of Fishing, Hunting, and Wildlife-Associated Recreation*, Fish and Wildlife Service, 2017.

36. Joanna X. Wu, Chad B. Wilsey, Lotem Taylor et Gregor W. Schuurman, "Projected avifaunal responses to climate change across the US National Park System", *PLoS ONE*, vol. XIII, n° 3, 21 mars 2018, e0190557.

37. www. oiseauxdesjardins. fr

38. Lisa Garnier, "Je me suis lancé un défi. Observer 10 espèces d'oi-seaux par jour !", blog Vigie-Nature, MNHN, 2015.

39. Hugo Struna, "Aujourd'hui je reconnais une soixantaine d'espèces à l'oreille", blog Vigie-Nature, MNHN, 2018.

40. Lisa Garnier, "Mon insecte préféré? C'est celui que je ne connais pas !", blog Vigie-Nature, MNHN, 2017.

41. Alix Cosquer, Richard Raymond et Anne-Caroline Prévot-Julliard, "Observations of everyday biodiversity: a new perspective for conser-vation?", *Ecology and Society*, vol. XVII, n° 4, 2012, p. 2.

42. www. zooniverse. org

43. www. open-sciences-participatives. org/fiche-observatoire/131

44. Suzie Deschamps et Élise Demeulenaere, " L'Observatoire agricole de la biodiversité. Vers un ré-ancrage des pratiques dans leur milieu ", *Études rurales (Les mondes des inventaires naturalistes)*, vol. CXCV, n° 1, 2015, p. 109 - 126.

45. Isabelle Arpin, Coralie Mounet et David Geoffroy, "Inventaires naturalistes et rééducation de l'attention: le cas des jardiniers de Grenoble", *Études rurales (Les mondes des inventaires naturalistes)*, vol. CXCV, n° 1, 2015, p. 89 - 108.

46. Tim Ingold, "Culture, nature et environnement", *Tracés, revue de sciences humaines*, vol. XXII, 2012, traduction de "Culture, nature, environment: steps to an ecology of life", *The Perception of the Environment. Essays on Livelihood, Dwelling and Skill*, Routledge, 2000.

47. Suzie Deschamps et Élise Demeulenaere, " L'Observatoire agricole de la biodiversité. Vers un ré-ancrage des pratiques dans leur milieu", *op. cit*

48. Kennon M. Sheldon et Sonja Lyubomirsky, " Achieving sustainable new happiness: prospects, practices, and prescriptions", *in* Alex P. Linley et Stephen Joseph (dir.), *Positive Psychology in Practice*, Wiley, 2004, p. 127 - 145.

49. Alix Cosquer, Richard Raymond et Anne-Caroline Prévot-Julliard, " Observations of everyday biodiversity: a new perspective for conser-vation?", *op. cit*.

50. https://www. mnhn. fr/fr/explorez/applications-mobiles/bird

lab

51. Lisa Garnier, " Avec BirdLab, on devient addict ! ", blog Vigie-Nature, MNHN, 2015.

52. Edward O. Wilson, *Biophilie*, *op. cit.* , p. 20.

53. Kennon M. Sheldon, Julia Boehm et Sonja Lyubomirsky, "Variety is the spice of happiness: the hedonic adaptation prevention (HAP) model", *in* Ilona Boniwell, Susan David et Amanda Conley Ayers (dir.), *Oxford Handbook of Happiness*, Oxford University Press, 2012.

54. Lisa Garnier, *Homo spipolliensis*, blog Vigie-Nature, MNHN, 2013.

55. Lisa Garnier, " Mon insecte préféré? C'est celui que je ne connais pas ! ", *op. cit* .

56. Lisa Garnier, " Les observateurs de la biodiversité se dévoilent", blog Vigie-Nature, MNHN, 2015.

57. Jia Wei Zhang Zhang et Dacher Keltner, " Awe and the natural environment", *in* Howard S. Friedman (dir.), *Encyclopedia of Mental Health*, 2e édition, vol. I, 2016, p. 131 – 134.

58. Caren Cooper, *Citizen Science. How Ordinary People Are Changing the Face of Discovery*, *op. cit.*

59. David G. James, Tanya S. James, Lorraine Seymour, Linda Kappen, Tamara Russell, Bill Harryman et Cathy Bly, "Citizen scientist tagging reveals destinations of migrating monarch butterflies, *Danaus plexippus* (L.) from the Pacific Northwest", *Journal of the Lepidopterists' Society*, vol. LXXII, n° 2, 2018, p. 127 – 144.

60. Eva J. Lewandowski et Karen S. Oberhauser, "Butterfly citizen scientists in the United States increase their engagement in conserva-tion", *Biological Conservation*, vol. CCVIII, 2017, p. 106 – 112.

61. Lukas J. Wolf, Sophus zu Ermgassen, Andrew Balmford, Mathew White et Netta Weinstein, "Is variety the spice of life? An experimental investigation into the e ects of species richness on self-reported men-tal well-being", *PLoS ONE*, vol. XII, n° 1, 2017, e0170225.

62. Akke Folmer, Tialda Haartsen et Paulus P. Huigen, "How ordina-ry wildlife makes local green places special ", *Landscape Research*, 6 avril 2018.

63. Susanna Curtin, " Wildlife tourism: the intangible, psychological be-nefits of human-wildlife encounters ", *Current Issues in Tourism*, vol. XII, n° 5 – 6, 2009, p. 451 – 474.

64. Ilse Modelmog, "Nature as a promise of happiness: farmers' wives in the area of Ammerland, Germany", *Sociologia Ruralis*, vol. XXXVIII, n° 1, 1998, p. 109 – 122.

65. Susanna Curtin, " Wildlife tourism: the intangible, psychological be-nefits of human-wildlife encounters", *op. cit*.

66. Sara Gottlieb, Dacher Keltner et Tania Lombrozo, "Awe as a scien-tific emotion", *Cognitive Science*, vol. XLII, n° 6, 2018, p. 2081 – 2094; Piercarlo Valdesolo, Andrew Shtulman et Andrew S. Baron, "Science is awe-some: the emotional antecedents of science learning", *Emotion Review*,

vol. IX, n° 3, 2017, p. 1 – 7.

后记

1. François Cheng, *Enfin le royaume*, *op. cit.*, p. 92.

2. Paolo Cognetti, *Les Huit Montagnes*, Stock, 2017, p. 199.

3. Hong Ling, *Hong Ling. A Retrospective*, Shane McCausland et Tian S. Liang (dir.), Soka Art, 2016.

4. Sadaf Akhtar et Jane Barlow, "Forgiveness therapy for the promotion of mental well-being: a systematic review and meta-analysis", *Trauma, Violence, & Abuse*, vol. XIX, n° 1, 2018, p. 107 – 122.

5. Johannes G. Reiter, Christian Hilbe, David G. Rand, Krishnendu Chatterjee et Martin A. Nowak, "Crosstalk in concurrent repeated ga-mes impedes direct reciprocity and requires stronger levels of forgive-ness", *Nature Communications*, vol. IX, n° 1, n° 555, 2018.

6. Steven Pinker, *La Part d'ange en nous*, *op. cit.*, p. 12.

7. Shai Davidai et Thomas Gilovich, "The headwinds/tailwinds asymme-try: an availability bias in assessments of barriers and blessings", *Journal of Personality and Social Psychology*, vol. CXI, n° 6, 2016, p. 835 – 851.

8. Milena Tsvetkova et Michael W. Macy, "The social contagion of generosity", *PLoS ONE*, vol. IX, n° 2, 2014.

9. James H. Fowler et Nicholas A. Christakis, "Cooperative behavior cascades in human social networks", *PNAS*, n° 107, n° 12, 23 mars 2010, p. 5334 – 5338.

10. Peter Singer, *The Expanding Cercle. Ethics, Evolution,*

and Moral Progress, Princeton University Press, 2011.

11. J. Xie, Sameet Sreenivasan, Gyorgy Korniss, Weituo Zhang, Chjan Lim et B. K. Szymansky, "Social consensus through the influence of committed minorities", *Physical Review E*, vol. LXXXIV, n° 1, juillet 2011.

12. John M. Zelenski, Raelyne L. Dopko et Colin A. Capaldi, "Coope-ration is in our nature: nature exposure may promote cooperative and environmentally sustainable behavior", *Journal of Environmental Psycho-logy*, vol. XLII, 2015, p. 24 – 31.

13. Robert A. Emmons et Michael E. McCullough, "Counting blessings versus burdens: an experimental investigation of gratitude and subjec-tive well-being in daily life", *Journal of Personality and Social Psychology*, vol. LXXXIV, n° 2, 2003, p. 377 – 389.

14. Lawrence K. Ma, Richard Tunney et Eamonn Ferguson, "Does gratitude enhance prosociality? A meta-analytic review", *Psychological Bulletin*, vol. CXLIII, n° 6, février 2017, p. 601 – 635.

15. Anders Pape Møller, Federico Morelli et Piotr Tryjanowski, "Cuckoo folklore and human well-being: cuckoo calls predict how long farmers live", *Ecological Indicators*, n° 72, 2017, p. 766 – 768.

致谢

　　这本书讲述了一个很长的故事。轨迹、想法、遭遇、直觉、巧合都发生在一个理性、平凡，有时是非理性的、不平凡的世界里。感谢所有陪伴我一路走来的人；我的出版商南方文献出版社，斯蒂芬尼·杜朗和埃梅利娜·拉孔布，从2015年起热心支持并鼓励我的达切尔·凯尔纳教授，随时随地为我答疑解惑的朱莉·曼恩教授，感谢他们在这条未探索的道路上对我的信任。我还要感谢所有与我通信且予我帮助的研究人员，他们是米里利亚·波恩、苏珊·克莱顿、阿加特·科洛尼、尼古拉·德吉尼斯、托马斯·吉洛维奇、弗朗索瓦·贾里奇、斯特凡·乔迪、索尼娅·柳博米尔斯基、奥利维耶·莫林、安妮-卡罗琳·普雷沃、乔迪·库奥德巴赫。还有我的女儿们，感谢她们的耐心和理解，以及我的亲朋好友、熟人同事，感谢他们的善意和不懈的支持；还有我忠实的写作伙伴猫咪莫娜为我在椅子上让出了几平方厘米的写作空间。